生活因阅读而精彩

生活因阅读而精彩

静心里,
都有最美的风景

夏然／著

中国华侨出版社

图书在版编目(CIP)数据

静心里,都有最美的风景 / 夏然著.—北京:
中国华侨出版社,2014.7（2021.4重印）

ISBN 978-7-5113-4714-5

Ⅰ.①静…　Ⅱ.①夏…　Ⅲ.①个人-修养-通俗读物
Ⅳ.①B825-49

中国版本图书馆 CIP 数据核字(2014)第115281号

静心里,都有最美的风景

著　　者	/ 夏　然
责任编辑	/ 文　筝
责任校对	/ 王京燕
经　　销	/ 新华书店
开　　本	/ 787 毫米×1092 毫米　1/16　印张/18　字数/230 千字
印　　刷	/ 三河市嵩川印刷有限公司
版　　次	/ 2014年9月第1版　2021年4月第2次印刷
书　　号	/ ISBN 978-7-5113-4714-5
定　　价	/ 48.00 元

中国华侨出版社　北京市朝阳区静安里 26 号通成达大厦 3 层　邮编:100028
法律顾问:陈鹰律师事务所
编辑部:(010)64443056　　64443979
发行部:(010)64443051　　传真:(010)64439708
网址:www.oveaschin.com
E-mail:oveaschin@sina.com

序

一念起，万水千山

几年前，我怀揣着理想与追求以及积攒下来的2000块钱离开熟悉的城，远离亲朋好友，放弃了相处多年的感情，背井离乡，成为一个繁华都市的追梦者。

为了目标，也为了生存，只身奔走在车水马龙、大街小巷，教过书，当过记者，做过编导，曾攻克下刁钻难缠的客户，曾因作品在同期项目略显优秀而外派他省，一时间成了公司的"风云人物"，也曾被委派协助解决其他项目的疑难杂症。所有成果的背后都离不了默默奋斗。我常常一个人加班到深夜，为了作品反复推敲琢磨；为了约访名家不停地电话联络直至一句"OK"；一个人在夏日顶着三十几度的太阳外出采访。曾经为了赚得第一桶金欲转行，可总是迟疑没有迈出第一步，最终还是回到老本行，并将其视为终生的事业。

孤身置于这喧嚣的城，我孤独过，迷茫过，纠结过，疲惫过，也心存小心酸、小委屈、小心伤。我以自己的方式经历着，存在着，努力着，精彩着，痛并快乐着。

为排解心中的苦闷和压力，卸载满心的疲惫忧伤，我常常一个人背包行走，逃离繁杂喧嚣，去远方寻觅净土，到清幽山水间采撷温暖，沐浴清凉，抚慰疲惫和心伤。春花开，秋叶落，辗转天涯到海角，走过南北共西东，踏过江河大川，游过秀美山水。可当我身处青山绿水间，环望四周美景时，却总是怅然若失，心生愁绪，再美的风景都抚慰不了内心的苦痛。

走过太多的路，看过太多的风景，蓦然发现，心不静，路上再美的风景也不能愉悦心灵；心若静，处处是美景。最美的风景，不在远方，而在心上；最静的处所，不在山水，而在心间。静心里，皆有万水千山。

是啊。再美的风景都不及心中的风平浪静。一念起，桃花满树，一念落，草木尽枯。在这陌生的城市，你是否和我一样，走过万水千山，亦爱平平淡淡。

我以对人生和生活的了悟，集以散淡智慧的文字、通俗深刻的故事，传达乐观、积极、向上的生活理念和工作方式，希望这些感悟能化作一缕春风，抚慰你疲惫的心灵，能静心应对紧张生活、焦躁心态、人生起落、工作不顺，于繁华处独守清凉，于纷芜处静养心性，于尘世中辟得净土。心有明月，何处不春光；心有山水，何处不清明；心有桃源，何处不南山。

时光静好，掬一捧清泉，享一份恬淡清幽；落花听雨，温一壶清茶，拥一份平静欣喜；浮生若梦，剪一段流年，道声安好。于微风细雨中，且歌且行，斜阳静好，浅笑安然。

目录
CONTENTS

拥一份平静，自有一弯从容水月 ｜ 第一章

忙碌时，歇一歇，停一停。静心，心就有从容的美景。心怡神悦后，你发现能量又注满了全身。

心若静，尘自飞 / 001

用"随"的心境，看一切风景 / 005

心有方向，一路向西 / 009

清净而为 / 013

放松，一身轻松 / 017

心淡定，自会波澜不惊 / 021

掬一捧流泉，自有一缕和风细雨 ｜ 第二章

有时候，你会被误解，被激怒，想一泄心中愤怒为快。你是否想过，无休的争论只能火上浇油。掬一捧清泉，涤荡心灵，矛盾自会和风细雨般地化解，心境也会灿烂明媚。

和风细雨，怒气散 / 024

赶走"跳蚤"，心静气也消 / 028

深呼吸，管它是非对错 / 032

清者自清，坦然就好 / 037

不偏激，方向就不会迷失 / 041

乐观，你就是优胜者 / 045

冷静，烦恼化菩提 / 048

宽容，让温暖继续 / 050

第三章 | 始一段简行，自有一路良辰美景

累了吗？累了就停一停，放一放，舒展一下身心，简单而行。包袱多了，自然会累，行囊轻了自然轻松。心愉悦，生活处处都是美景。

身心无累，心花开 / 054

简单心看人生最美 / 058

一加一减 / 062

你没有三头六臂 / 065

忙中偷闲：令你爽朗的灵丹妙药 / 069

找到你的北斗星 / 073

唤醒内心的热情 / 076

第四章 | 盈一眸恬静，自有一片浩渺水域

尘世喧嚣，内心纷扰，不免为俗世所困。守住恬静祥和，尽管世事无常，心都如浩渺的水域波澜不惊。

素心人，心淡恬静 / 079

枯荣都自在 / 082

每一个瞬间都是不可逆转的永恒 / 085

高处不胜寒 / 089

还心灵一片风轻云淡 / 092

寂寞何须惧 / 096

孤独，也挺好的 / 102

揽一缕惠风，自有一园柳翠桃红 | 第五章

我们都是凡尘俗子，都有七情六欲，不免冲动于心。冲动时，不妨多绕几个弯，惠风入心，情绪自会舒缓，你会看到一片柳翠桃红。

心不静，纷争生 / 105
多绕几个弯 / 109
搬走"抱怨"这个绊脚石 / 113
且饶人 / 116
天才，无非是长久地忍耐 / 120
吃"亏"吃出"福" / 123
留一条退路，也会海阔天空 / 127

携一丝清凉，自有一涧碧潭幽谷 | 第六章

没有什么会永恒，也没有什么过不去。一抹清凉入心，得失都不在意，心境，如碧潭幽谷，空明如也。

学历不是骄傲的资本 / 130
盛气凌人要不得 / 134
如开在尘埃里的花，朴实，无瑕 / 137
一只空杯子 / 141
要长成参天大树，先把自己埋进土里 / 144
极限，不是人人都能挑战 / 148
把潜能唤醒 / 152
没错，你就是"佼佼者" / 156
我们都不完美地存在着 / 159

第七章 | 执一汪日月，自有一程锦绣山水

人生总要抉择，取舍，心迷茫不定时，最重要的就是明白内心的追求，心中日清月朗，从阻不息。

不做自己，才最痛苦 / 162

你是自己的 / 167

拿好自己的乐谱 / 170

梦想的翅膀不能被折断 / 174

专注于眼下的事 / 178

熊掌和鱼，总有一个要舍弃 / 182

第八章 | 涌一抹欣喜，自有一路柳暗花明

人生是一场经历痛苦的旅行，没有痛苦地蜕变，就没有羽化成蝶的美。即使痛，也会发现惊喜。

遗憾可品，且意味深长 / 185

把快乐画上去 / 189

将痛苦埋葬 / 194

苦难是财富，也是深渊 / 198

口袋里装进一条鱼 / 203

幸好我还活着 / 206

最好的办法是改变自己 / 210

"危机"里的"契机" / 215

走出失败的阴影，才能看到阳光 / 220

柳暗花明，又一村 / 225

觅一处桃源，自有一座悠然南山 | 第九章

快乐的秘方就是，身在繁华里，心在繁华外，千面世界，一面心，不虚荣，不攀比。心种一片桃园，邂逅一种美丽。

把面子看淡点儿 / 229

摘掉"虚名"的光环 / 232

不为"五斗米"折腰 / 236

不攀比，悠哉 / 240

宠也自在，辱也自在 / 244

返璞归真，是正道 / 248

斟一杯香茶，自有一城安然时光 | 第十章

最无法填满的就是欲望。心若贪婪，生活处处是陷阱；心若知足，人生处处是风景。守一颗清虚空灵的心，观照万物，斟一杯香茗，静守心灵，安然就好。

快乐与金钱无关 / 252

花半开，酒半醉，莫贪心 / 256

放下，心灵花开 / 259

减三分滋味，给人尝 / 262

还有一半水 / 265

不贪求，不妄求 / 269

斟一杯清茶，寂寞也不怕 / 272

第一章
拥一份平静，自有一弯从容水月

忙碌时，歇一歇，停一停。静心，心就有从容的美景。
心怡神悦后，你发现能量又注满了全身。

心若静，尘自飞

为了不落后于别人，为了创造更美好的生活，很多人已经习惯了忙忙碌碌、你追我赶的生活，工作的琐事堆满案头，甚至来不及按时吃饭，日复一日、年复一年，惜时如金，健步如飞。

殊不知，一味地追求速度，日程被排得满满当当，往往使神经时刻处于紧绷的状态下，精神被紧张、浮躁、不安和焦灼所折磨，少了一份从容，少了一份镇定，我们将会变得郁郁寡欢，根本来不及体验生活的美好。

自从到一家出版社工作后，杰克就一直是个"拼命三郎"：他每天的时间被稿件、传真、合同以及各种方案充塞得满满的，生活就像上足了劲的发条一样，即使是在周末他都会加班熬夜。因为太累了，杰克竟然在一天早上晕倒在众人面前。可就在卧床休息的几天里，他仍然在床上不分昼夜地赶稿子。外派工作时，他一连几天忙着走访市场，顾不上吃饭睡觉，竟然在总裁面前汇报工作时当场"失声"……

杰克就像在跑步机上行走的人，从来不曾停歇过，总是脚步匆匆、马不停蹄。终于有一天，生命的传送带还在继续运转，而前进的齿轮却坏了——杰克彻底崩溃了，他因大出血而住院。治疗期间，他对医生倾诉了自己的烦恼："我时时刻刻都像是在和别人赛跑一样，每一天都是紧张兮兮的，我感到越来越累！有时候我甚至觉得像是有人拿枪对准我的头部，必须要立刻做这做那，否则就要开枪！"

杰克为何会有那种被人拿枪指着的感觉，健康状况亦极度恶化呢？这是因为他一味地逼迫自己忙着赶路，过快的生活节奏使他在不知不觉中失去了平静，心仿佛永远无法平静下来，最终感到心力交瘁。

由此可见，当我们每天为了生活疲于奔命的时候，生活正离我们远去。

暖心小语

"慢"步人生路，牵着心儿慢慢走，心中一片静水从容。

既然如此，为何不能让自己的生活慢下来？为何不能让它优雅一些？诚然，我们不可能让世界慢下来，但我们至少能够让此刻的自己松弛下来，让自己的心静一点儿。

停下快节奏的脚步，让自己的心静一点儿吧。很多时候，我们就是在一步步看似悠然的过程中体会到了从容镇定之美,感受到了生活的甜酸苦辣。这就像是旅行,不仅要跋山涉水走完旅程,更要懂得欣赏与流连。

一位哲人讲过这样一个故事。

上帝给我分派了一个任务,让我牵一只蜗牛出去散步。于是,我就照做了。在途中,我尽管走得很慢,蜗牛尽管已经在尽力地爬,可每次总是只能挪动那一点点距离。于是,我开始不停地催促它、吓唬它、责备它。蜗牛也只是用抱歉的眼光看着我,仿佛说自己已经尽力了。我恼怒了,就不停地拉它、扯它,甚至想踢它。蜗牛也只是受着伤、喘着气,卖力地往前爬。

我想:"这真是太奇怪了,为什么上帝要我牵一只蜗牛去散步呢?"于是,我开始仰天望着上帝,天空一片安静。我想,反正上帝都不管它了,我还管它干什么?任由蜗牛慢慢往前爬吧,我想丢下它,独自往前赶路。我就放慢了脚步,想将它放下,静下心来……咦?我忽然闻到了花香,原来这边有个花园,我感到微风吹来,原来此刻的风如此温柔……而我以前为何都没有体会得到呢?我这才想起来,莫非是我犯了错误,原来是上帝叫蜗牛牵我来散步的……

心若静,尘自飞;心若安,尘自乱。如此,无尘的心便飘上天堂。"慢"步人生路,不是磨蹭,更不是懒惰,而是让时间不再时时刻刻都有棱有角,进而让心灵获得极大的放松。这里的"慢"是一种境界,一种回归自然、轻松和谐的境界。

"慢"步人生路,牵着心儿散散步吧!比如,每天早晨起来呼吸一下新鲜的空气、听一曲优美的曲子,抑或是在休息时给朋友送去自己亲手做的糕点,或者是陪着父母一同坐在电视机前说一些琐碎的家常,又或者一家三口一同出去郊游……

让自己的心静下来,一如流水般柔软。渐渐地,你便能重新找回带着心灵散步的节奏,找出一条归返心灵原乡的路,如此,你会发现内心的世界愈来愈无边际,而你也能从容淡定、游刃有余地穿梭在红尘世界中。

让自己的心安静下来,放下快节奏的脚步,牵着心儿散散步。很多时候,我们就是在一步步看似悠然的过程中体会到了从容镇定之美,感受到了生活的甜酸苦辣,内心的世界也会愈来愈无边际。

用"随"的心境,看一切风景

在自然界中,我们常看到水从上而下、从高到低,顺应地势流淌,顺能通之道而游。水似乎没有自己的选择,它只能顺其自然。但这种生存方式却使它拥有了一份平静之美,而且最终实现了归海的目的。

水是如此,人亦如此。但事实上,很多人不懂得顺其自然的道理,经常感叹命途多舛,抱怨命运不公,结果产生了紧张、郁闷、焦虑等情绪。显然,这种人的心是很难获得平静的,活得也不够从容镇定。

要知道,凡事都有着自己的发展规律,不会因为任何人而改变。外表再好不过是皮肉而已,老了还是长满皱纹;财富再多不过是身外之物,死了还是空有躯壳……所以,我们要时常静下心来,凡事顺其自然,不必刻意强求,如此你会发现,紧绷的心弦得到了放松,生活节奏不再紧张,即使事情不照自己的计划进行,地球也会照样转,生活也照样继续,而且还会获得意外的惊喜。既然如此,我们又何必百般思量、苦苦苛求呢?

有一则寓言,或许人人都能从中得到启示。

在山间的一座寺庙里面住着一个老和尚和一个小和尚。三伏天里,禅院的草地成片成片地枯黄了,小和尚对老和尚说:"快撒点儿草种吧!好难看啊!"老和尚挥挥手说:"等天凉了,随时!"

中秋到了,老和尚买了一包草种,叫小和尚去播种。秋风刮起,将撒下的草种吹得满天飞散,小和尚既着急又苦恼地跑进屋对老和尚说:"师父,草种被风都吹走了。"老和尚回答:"没关系,被风吹走的都是空的,即便撒下去也发不了芽。担心什么呢?随性!"

草种撒上了,一群小鸟飞来了,在地上专挑饱满的草种吃。小和尚看见了,紧张地大喊:"不好了,撒下的草种都被小鸟吃了!"老和尚慢悠悠地说道:"没关系,草种多,小鸟是吃不完的,随缘!"

半夜下起了暴雨,小和尚急忙穿衣出禅房,对着师父的房门喊:"师父,不好了,草种被雨水冲走了不少。"老和尚连眼睛都没有睁,淡然地说:"不用着急,草种冲到哪儿就在哪儿发芽,随缘吧。"

不久,许多青翠的草苗破土而出,原来没有撒到草种的一些角落里居然也长出了许多青翠的小草,一片生机。小和尚看到了,高兴得直拍手。老和尚却面不改色地点点头,说道:"随喜。"

故事中,老和尚讲的"随"就是指顺其自然。顺其自然是一种顺应天命、随遇而安的人生态度。正是由于知晓这种处世哲学,老和尚面对各种变化的时候丝毫没有紧张无措,而是显得从容不迫、镇定自若。

可见,顺其自然并非消极地等待,更不是听从命运的摆布,它更多的是指凡事不必刻意强求,心中保持清静,没有妄情、妄念、妄想,要让心境很平和,顺天而行,就像小草自然地

暖心小语

一切顺其自然,就能看到平静之美。

发芽、生长一样，不受尘世的任何约束。

顺其自然是一种超脱自由的生活态度，一种内心上的安定和淡然，它有利于我们放松紧绷的心弦，心平气和地看待红尘世界的万千变化，从而感受到生活的乐趣与意义，欣赏到生命中精彩的部分，切实地活出真我的色彩。

菲莉娜是一位专职太太，她需要照顾全家人的起居饮食，负责买菜、煮饭、洗衣、打扫房间、带孩子等家常琐事。她总是暗示自己：情况紧急，必须立即做完每一件事。她从早到晚都忙得腰酸背疼，却总有做不完的事，心情抑郁无比。

一个雨天，孙女米娜放学回家后，把雨伞和鞋子放在门后，便坐到沙发上打开了电视机。"哦，天啊，你看你做了什么，地板上好多水渍，我要赶快把它擦干净！"菲莉娜从厨房走出来，便要冲向门后。

"奶奶，请您休息一下吧，外面还在下雨，爸爸妈妈一会儿就回来了，那里还是会变得一塌糊涂的。待会儿再做这些事情不会影响什么的，现在您可以陪我照顾我的花儿吗？"米娜说。

"天啊，还有那么多活儿要做呢，我哪有时间陪你？"菲莉娜无奈地耸耸肩，但看到米娜祈求的眼光，她还是陪孙女给阳台上的花儿浇水、松土等。直到家人都回家了，大家坐在一起吃饭、聊天，然后菲莉娜稍稍打扫了一下就去睡觉了。

躺在床上的菲莉娜感到从没有过的快乐，好像以前那些做不完的家务活儿都变得轻松了，一切都变得不一样了，到底是什么改变了呢？她也不知道，但是，米娜从此有了一个不再那么匆匆忙忙的奶奶。

生活原本不必如此忙乱，在大多数情况下，人们是在自造紧张情绪。顺其自然，不去勉强别人，也不强求自己，你会发现自己很容易就能够从紧张的情绪中解放出来，而且可以获得内心的平和，从容愉悦地享受生活。

总而言之，顺其自然是一种坦然、一种随意的心境。当一个人能做到凡事不刻意强求、顺其自然地生活时，就能淡定自若地笑看潮起潮落、从容不迫地掌控自己的生活，亦会发现"沉舟侧畔千帆过，病树前头万木春"！

时常静下心来，凡事顺其自然，是经历了万千风雨之后的大彻大悟，是领略了人生峰回路转之后的身心空灵。如此，我们将能心平气和地看待红尘的瞬息万变，感受到生活的乐趣与意义，欣赏到生命中真正精彩的部分。

心有方向，一路向西

如果我们留心观察身边的人，就会发现有些人精神饱满、朝气蓬勃、意气风发、魅力四射；而有些人却整天忙忙碌碌、晕头转向、垂头丧气。这本是智力相近的一群人，为何他们的生活会有天壤之别？

透过现象看本质，就会发现第一种人有一个为之奋斗的目标，而第二种人没有。他们不知道自己要到达什么地方，像一只只离群的孤雁，像迷途的羔羊，处在十字路口上急得团团转却迈不开脚步，在迷茫、焦躁、苦闷中煎熬着，蹉跎了岁月，虚度了人生。

如果你不信，那么我们不妨来看这样一个小故事。

贞观年间，有一匹马和一匹驴子是好朋友，马在外面拉东西，驴子在屋里推磨。后来，这匹马被玄奘大师选中，经西域前往印度取经。

17年后，这匹马驮着佛经回到长安，它重到磨坊会见驴子朋友。老马谈到这次旅途的经历：浩渺无边的沙漠、高入云霄的山岭、凌风的冰雪、热海的波浪……那种神话般的境界，让驴子听了大为惊异。

驴子惊叹道："这些年来，你积累了这么丰富的经历呀！你真伟大，那么遥远的道路，我连想都不敢想。唉，更糟糕的是，我每天都忙忙碌碌，得不到片刻的清闲，真不知道这样的日子什么时候才是头。"

"其实，"老马说，"我们走过的距离大体是相同的，当我向西域前进的时候，你也一步没有停止。不同的是，我同玄奘大师有一个遥远的目标，按照始终如一的方向前进，所以我们到达了一个广阔的世界。而你被蒙住了双眼，一生就围着磨盘打转，所以永远也走不出这个狭小的天地。"

通过这个寓言故事我们不难理解，老马因为有目标而始终如一地向西域前进，而驴子则没有目标，只是围着磨盘打转，始终走不出那个狭隘的天地，如此，尽管驴子一生所跨出的步子和老马相差不多，但依然碌碌无为。

现实生活中，很多人做事有时候会漫无目的，只是为了做事而做事，为了填充心中的空虚和恐慌而忙碌。到头来，时间过去了，精力付出了，却没有得到很好的效果，心情越来越紧张，甚至将事情越弄越复杂。

相反，心静如水、排除一切杂念、心中有目标的人，自会深谋远虑、未雨绸缪，如此也就能从容镇定、心无旁骛地付出所有的努力去实现那个既定的目标，任尔雨打风吹去，就没有穿不过的风雨、涉不过的险途。

的确，只有在心中先有一个明确的目标，一切才会变得简单、明晰，做事的时候才不会被各种条件和现象所迷惑，才能获得一颗沉静如水、波澜不惊的心，才不会在风云四起、变幻莫测之时紧张无措。

暖心小语

人生没有穿不过的风雨，亦没有涉不过的险途。

公元前212年,古罗马军队突破城防,攻进了叙拉古。当罗马军队的士兵一脚踢开阿基米德的房门时,这位75岁的老科学家蹲在地上,正用双手托着下巴,聚精会神地研究画在地上的几何图形。

罗马士兵声嘶力竭地吆喝,故意将图踩坏。

"喂,你们踩坏了我的图,赶快走开!"阿基米德发怒地说。

凶神恶煞的士兵毫不理会,把剑指向了他的头颅。

阿基米德明白了将要发生的事情,他毫无惧色地用手推开了剑,坦然自若地说:"等一下砍我的头,再给我一会儿工夫,让我把这条几何定律证明完毕,可不能给后人留下一道还没有求解出来的难题啊!"

说完,阿基米德又沉思起来,继续研究着地上的几何图形。然而,无知而又残暴的罗马士兵不由分说,还是一剑砍下了阿基米德的头颅。

面对罗马士兵砍头的威胁,阿基米德的反应无疑是震人心魄的。不过,他为什么能够如此不慌不乱、镇定自若呢?就是因为他心中有目标——他要将那条几何定律证明完毕。这让他沉静如水,即使危难降临也波澜不惊。

爱默生说:"一个朝着自己的目标永远前进的人,整个世界都给他让路。"的确,当有了明确的目标时,我们做事的动机就会得到维持和加强,排除一切杂念,心无旁骛地付出所有的努力去逼近那个既定目标。

在这纷繁复杂的世界里,从"昨夜西风凋碧树,独上高楼,望尽天涯路",到"衣带渐宽终不悔,为伊消得人憔悴",再到"众里寻他千百度,蓦然回首，那人却在灯火阑珊处"，都应该心中有目标。

　　需要注意的是，目标一定要简单明了。简单明了的目标就像一个看得见的靶子，当我们一步一个脚印地向其逼近时，就会积累出越来越多的成就感，沉淀出越来越厚的平实心，如此我们也就更有机会得到自己想要的东西。

　　知道目标的重要性是好的，但是成功不在于你知道多少，而在于你做了多少。为自己树立一个目标，并坚定地坚持下去，如此，相信你一定能够不慌不忙地处理好各种复杂的红尘世事，活得从容淡定。

　　保持一颗沉静如水、波澜不惊的心，在心中先有一个明确的目标，一切才会变得简单、明晰，做事的时候才不会被各种条件和现象所迷惑，才能在风云四起、变幻莫测之时不慌不乱、从容镇定。

清净而为

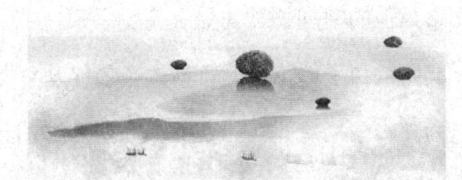

2008年8月17日，北京奥运会50米气枪三姿决赛。13时51分，在众人瞩目而又似乎显而易见的气氛中，美国选手埃蒙斯举枪、瞄准、击发。埃蒙斯最后一枪打出4.4环，全场的观众都惊呆了。

在此之前，在所有人看来，金牌已经没有悬念，因为埃蒙斯一路领先，其总成绩已领先第二名4环多，只要他最后一枪打出6.7环——一个在步枪射击中的业余水平，金牌自然就会让他收入囊中。这对于一个射击名将来说，简直易如反掌。

但最后一枪，埃蒙斯居然打出4.4环的"意外成绩"，全场以及屏幕前所有的观众都惊呆了，现场直播的解说词也停滞了两三秒。埃蒙斯的名次一下落到第四，中国选手邱健在落后埃蒙斯约5环的情况下意外夺金。

在一片不知所措的惊叹声中，时光一下逆流到四年前，回到了2004年8月22日的雅典马可波罗射击场。那时，2号靶位的埃蒙斯同样以绝对优势超越所有选手，最后一枪他只要得到不低于7.1环的成绩就能夺冠，但最后一声枪响后，子弹竟然飞到了3号靶位上，金牌最终属于中国选手贾占波。

相同的项目、相同的情形、相同的结果，用解说员无奈的话说就是"历史总是惊人的相似"。包括埃蒙斯自己在内的所有人都没有想到，噩梦就像幽灵一样，从雅典追到了北京，上帝再一次拨动了他的枪口。

是什么让埃蒙斯屡次失手呢？他太想成功了，太想取得奥运会金牌了，结果他的精神长时间处于高度紧张之中，中枢神经的工作受到严重干扰，从而影响到了他正常的行动力，最终功亏一篑。对此，心理学专家甚至把其称为"埃蒙斯魔咒"，意为过于渴望成功而造成紧张，致使很多人在关键时刻"掉链子"。

其实，"埃蒙斯魔咒"在多数人的生活中都存在。比如，台下准备得滚瓜烂熟的主持词，一上台却紧张到忘得一干二净；科学家即将完成一项研究了很多年的实验，却在最后一步的时候因为一个极小的错误而功亏一篑。

我们再来看一个真实的例子。

美国曾有一个著名的杂技演员叫华伦达，他最拿手的杂技是在高空走钢索。华伦达走在高空钢索上，用"如履平地"来形容丝毫不夸张。然而，正是这样一个技艺高超的杂技演员，在一次重大的表演中不幸失足身亡。

暖心小语

遇事波澜不惊，让心定下来，才会心想事成。

那次观看表演的观众都是美国的知名人物，演出成功不仅会奠定华伦达在杂技界的地位，还会给他的表演团带来滚滚财源。十几年的梦想，终于近在咫尺。华伦达紧张极了，上场前不停地说："这次表演太重要了，我一定要走好，决不能失败。"

事后，华伦达的妻子说："我知道他这次一定要出事，因为他太在乎这次表演了，他把很多精力用在避免掉下来上，而不是用在走钢索，结果他的心不再宁静，行动不再稳健。是他那颗追求成功的心，制约了他能力的发挥。"

太想穿好针的手忍不住会颤抖、太想踢进球的脚忍不住会颤抖、太想在面试中胜出的嘴会颤抖……因为那些人太期待成功了，不能保持住一颗平和的心，因此变得精神紧张，出现了严重失常的表现。

那么反过来说，如果我们能够时常让心静下来，保持住一颗平和淡定的心，保持波澜不惊的镇定，如此心就不再被紧张的情绪所裹挟，就能谋定而动、清静而为，不激进、不懈怠，想必功到便自然成。

在这一点上，郭晶晶做得非常好。

2004年雅典奥运会上，在女子三米板单人跳水比赛中，郭晶晶在预赛中的成绩并未排在第一，人们都紧张地为她捏了一把汗。有记者问她有没有压力。郭晶晶看上去非常冷静和从容，笑着回答道："自己发挥好了就行了，比赛中没有必要想得太多，事先也没有想拿金牌，就是想完全把自己放开。"

最后一跳至关重要，直接决定比赛成绩，跳板上的郭晶晶始终面带微笑，还平静地理了理头发，走板起跳，向外翻腾一周半接转体两周半，利落地完成动作后，"刷"的一声入水，现场的五星红旗立即挥舞不止。

拿到自己的第一枚奥运会金牌，领奖台上的郭晶晶没有激动的泪水，没有纵情地欢呼,有的只是淡淡地微笑、轻轻地挥手。正是这种对成绩的淡然,她继续在跳水界保持了良好的状态,用奥运会四金两银书写了国际体育史上的传奇。

郭晶晶之所以没有遭遇"埃蒙斯魔咒",取得了骄人的成绩,很大程度上在于她拥有一颗安静的心,能平和地面对比赛成绩。试想,如果她一心想要夺取金牌,她还能以轻松的心态参加比赛,还能发挥出真实的水平吗?答案不言而喻。

每个人都急切地想要成功,都梦想着人生呈直线上升,这是常有的状态,但是切记要尽量保持平和的心态,对成功不要过于苛求,如此,你将获得平静如水的淡定,最终将理想变成唾手可得的现实。

放松，一身轻松

物价上涨、工资太低、工作繁重、孩子太小需要照顾、子女升学、住房问题没有解决……现代社会充满了无数的竞争和挑战，随之而来的便是工作和生活方面的压力，可以说压力几乎无处不在。

适度的压力可以促人奋发图强、激发潜能、成就梦想，但是，如果压力过大的话，我们的心便难以宁静、坦然，往往陷入极度紧张、苦闷和失望的情绪中。当压力超过一定限度时，还会产生意想不到的后果。

很久以前，在一个方圆几十里的大村落里，人们过着自给自足的幸福生活。突然有一天，死神向这个村落走去。

"你要去做什么？"村里的一位老人问道。

"我要去带走100个人。"死神平静地回答说。

"太可怕了！"老人说。

"事实就是这样，"死神说，"我必须这么做。"

这位老人急忙跑去提醒所有人，死神即将来临，而且他要带走100个人的生命。于是，村里的人们陷入了无限的恐慌中。

第二天早晨，这位老人又碰到了死神，他非常不满地质问："你告诉我你要带走100个人，为什么村落中一夜之间竟然死了1000个人呢？"

"我的确照我说的做了,"死神回答,"我带走了100个人,而恐惧带走了其他那些人。所以,这不是我的错。"

死神想带走100个人,怎么到最后会有1000个人丧命呢?这是因为人们都担心自己会是100个人中的一位,精神过于紧张而致。或许这个故事有些夸张,但是它告诉我们,过度的压力可以压垮一个人的精神和身体,它比死神更可怕。

每个人的生活中都有压力,面对同样的压力,为何有的人不仅没有愁眉苦脸、恐慌烦躁,反而能够在压力之下活得轻松自在,奋发图强,成就梦想呢?我们不禁要问:难道那些轻松的人有什么异于常人的智慧?

其实,这些人如你我一样,都是普普通通的人,只不过,他们能时刻保持一颗冷静的心,懂得释放内心的压力,能戒除焦虑等负面情绪,使自己不受其害,从而保持一个健康的身心。

关于压力,有一句经典的话:"压力是一块石头,对于弱者,它是绊脚石;对于强者,它是垫脚石。"你是弱者,还是强者?如何把压力变成垫脚石呢?很简单,那就是静下心来,放下压力,放宽心态。

暖心小语

放下压力,让心变得更有"弹性"。

一个被压力所困的年轻人找到大学时期的心理学讲师,希望老师可以告诉自己如何正确对待压力。

老师递给他一杯水,问道:"你说这杯水

有多重？"

年轻人有点儿不屑地摇摇头，说："很轻，也就 50 克。"

老师没有再多说什么，而是一直让他举着。过了一段时间，又问："重吗？"

这时，年轻人举杯子的手已经感觉有些酸痛了。他换了一下手说："感觉很重，好像有 500 克。"

从 50 克到 500 克，两次回答，悬殊竟然这么大。

老师说："其实杯子的重量没有发生任何变化，变化的是时间。同一个杯子，举的时间越长，你感到的分量就会越重。"

年轻人若有所思地听着老师的话。

"倘若我们总是将压力扛在肩上不放，压力就像水杯一样，会变得越来越重。早晚有一天，我们将不堪其重。而正确的做法是，放下水杯，休息一下，以便再次举起它。"

年轻人这才恍然大悟：勇于放下压力，才能让自己一身轻松。

放轻松一点儿，适当地放下压力，这不是在向困难低头，也并非是向命运妥协，而是为了获得内心的安宁和平静。这样，我们的心就富有了"弹性"，就能始终从容不迫、游刃有余地张弛命运之簧，弯而不折，曲而不断。

这是一种至高至善的人生境界，打一个形象的比喻，这就像大自然中的雪松一样，每到暴风雪落满枝头时，它那富有弹性的枝丫就会弯曲，使雪滑落下来。因此，无论雪下得多大，雪松始终完好无损。

总而言之，生活中的压力并不可怕，可怕的是不会放下压力。当我们的心过于紧张时，不妨静下心来，放下压力。当你不被压力左右、内心安宁平静时，即使生活中有再大的风暴，面临更强的挑战，你也能从容镇定地应对。

心淡定，自会波澜不惊

遇到紧急情况时，你是否总会表现得惊慌忙乱、手足无措？你是否时常感到莫名的恐惧，很容易被激怒？你是否对慌张的生活节奏厌恶至极？你是否在很多人面前发言的时候感到紧张、烦躁？

这些紧张情绪源自我们的内心不够淡定。但要知道，它们对解决问题没有丝毫的帮助，只会令我们愈加紧张，事情愈加糟糕。我们唯有静下心来，保持内心的淡定，积极开展行动，这才是战胜种种困难的最好方法。

一位茶师被告之将随主人远行一趟，为防止遇到坏人侵扰，不会武艺的茶师穿了一身武士服。谁知，刚走到闹市上就遇到了一个武士，武士热情地和茶师切磋武艺。得知茶师根本不会武术时，他气愤地说："你有辱我们武士的尊严！给你一些准备时间，今天下午到城墙来受死吧。"

茶师吓得战战兢兢，紧张得要命。但他深知躲是躲不过去了，便直奔城里最著名的大武馆，拜倒在武师面前，把与武士相遇的情形复述了一遍，求武师教给自己一种作为武士的最体面的死法，好让自己死得有尊严一点儿。

武师说："那好吧，你就为我泡一遍茶，然后我再告诉你办法。"

"这可能是我在这个世界上泡的最后一遍茶了。"茶师很是伤感，于是，他做得特别用心，很从容地看着山泉水在小炉上烧开，然后把茶叶放进去，洗茶、滤茶，再一点一点地把茶水倒出来，捧给武师。

武师一直看着他泡茶的整个过程，他品了一口茶说："这是我有生以来喝到的最好的茶了，我可以告诉你，你已经不必死了。其实，我不用教你什么方法，你只要记住用泡茶的心态去面对那个武士就行了。"

茶师拜谢过武师后，前往赴约。那名武士已经在那儿等了，气势汹汹地看着茶师。茶师一直想着武师的话，只见他笑着看看武士，然后从容地解开宽松的外衣，一点儿一点儿叠好，又拿出绑带，把里面的衣服袖口扎紧，然后把裤腿扎紧……他从头到脚不慌不忙地装束自己，一直都气定神闲。

茶师的眼神和笑容让武士越来越紧张、越来越恍惚、越来越心虚。等到茶师全部装束停当，正准备拔剑时，只见武士"扑通"一声给他跪下了，说："求您饶命，您是我这辈子见过的武功最强的人。"

不会武艺且手无缚鸡之力的茶师以从容、笃定的气势，彰显了自信满满的状态，结果做到了"不战而屈人之兵"。这个故事启迪我们，拥有一份安宁祥和的心境远比许多外在的修炼重要得多。

暖心小语

遇到问题时，让自己安静、安静、再安静。

的确，当遇到人生中一些突发事情时，一味地惊慌是于事无补的，唯有在最短的时间内让自己静下心来，才能理性地看待所遇到的困难，认真地分析当前的困境，找出矛盾与症结所在，最终得出解决问题的方案。

遇到问题的时候，逼迫自己安静、安静、

再安静。练就一份波澜不惊的淡定，方能理性地看待世事，方能理性地看待自己，方能让你不会因为生活的一时波澜而乱了方寸，最终以柔克刚，克敌制胜，驾驭生活。

第二章
掬一捧流泉，自有一缕和风细雨

> 有时候，你会被误解，被激怒，想一泄心中愤怒为快。你是否想过，无休的争论只能火上浇油。掬一捧清泉，涤荡心灵，矛盾自会和风细雨般地化解，心境也会灿烂明媚。

和风细雨，怒气散

人与人之间的相处需要宽容和冷静，当我们和周围的人因为某些原因出现矛盾的时候，就更加需要我们努力让心静下来，舍弃心中的怒火，切勿意气用事，然后心平气和地看待事情，冷静理智地处理矛盾。

要知道，发怒无法解决任何问题，只会伤害到别人的感情，使他们对你敬而远之，或者嗤之以鼻；一时发泄的痛快也不能给我们带来任何的快乐，只会让事情越变越糟糕，我们内心将更受折磨、备感痛苦。

有一次，在前方征战的拿破仑得到消息，说他的外交大臣塔列朗勾结外敌密谋造反，于是他匆忙从西班牙赶回来，立即召集所有大臣，心想："我一定要揭穿塔列朗这个家伙，要狠狠地数落数落他，让他回心转意。"

在会上，拿破仑一看到塔列朗就压抑不住心中的怒火，他不管周围的其他大臣们，只是愤怒地看着塔列朗一个人，恨不得用自己眼中的怒火将塔列朗化为灰烬，可是塔列朗却没有任何的反应。这时候，拿破仑再也控制不住自己的情绪，走近塔列朗说："有些人希望我马上死掉！"

塔列朗的确在密谋造反，但他深知拿破仑的性格，他想故意激起拿破仑的怒气，让拿破仑发火，从而让拿破仑失去领导者的权威，所以他依然没有任何的异常举动，只是用疑惑的眼神看着拿破仑。终于，拿破仑的怒火像火山一样喷发了，他冲着塔列朗大喊："你的权力是我给的，你的财富也是我给的，你竟然背叛我，你这个忘恩负义的家伙。没有我你什么都不是，你不过是一团狗屎，我再也不想见到你。"说完甩袖便走。

塔列朗依然镇定自若，等拿破仑走后他才站了起来，一脸平静地对大臣们说："我们伟大的皇帝今天是怎么了？他为什么对我如此暴躁？我可没有做什么对不起他的事情。或许，是他心情不好才会这么没有礼貌的。"

看到这样的场景，大臣们觉得拿破仑开始走下坡路了。拿破仑的怒气让他失去了一个领导者应该有的权威和度量，影响了人们对他的支持，最后他居然丧失了主宰大局的权力，从而让塔列朗的阴谋得逞。

拿破仑控制不住心中的怒火，对塔列朗大肆发火，结果失去了一个领导者应该有的权威和度量，失去了解决问题和冲突的良好机会，导致自己处于孤立无援的境地，权力也因此而风雨飘摇，真是可悲可叹。

暖心小语

让心静下来，心安神定，换一种淡定的人生活法。

美国生理学家爱尔马通过实验得出了一个结论：如果一个人生气十分钟，其所耗费的精力不亚于参加一次 3000 米的赛跑；人生气时，很难保持心理平衡，同时体内还会分泌出带有毒素的物质，对健康十分不利。

既然如此，何必动怒呢？不妨学着让自己的心静下来，经常告诫自己要理智、冷静，就更容易平息情绪、心安神定。只有在这样的心态下，我们才能和风细雨地化解矛盾，换来从容淡定的人生。

一个大庄园里有十几个长工，长工们闲来无事便常常坐在一起开玩笑，有时玩笑过火了就会起冲突。很多时候，冲突过后他们谁也不搭理谁，还会将怒火发泄到工作中去，结果将农田弄得一团糟。

有这样一个人，每次当他和别人发生争执生气的时候，他便以很快的速度跑回家去，绕着自己的房子和土地跑三圈，跑得气喘吁吁，然后再回来继续工作，就像什么事情也没有发生过一样。这样次数多了，大家都很好奇，询问这个人到底是怎么一回事。他每次都笑而不答，众人也理不出头绪。

由于这个人鲜少与人结怨，又踏实能干，薪水涨了又涨，房子越来越大，土地也越来越广。但不论房子和地有多大，只要与别人争论生气时，他还是会绕着房子和土地跑三圈。渐渐地，他很老了，但他还是会与人发生矛盾，这时候他还是会拄着拐杖，艰难地绕着房子和土地走。

有一次，这个人又生气了。当他在孙子的搀扶下，拄着拐杖，绕着房子和土地，喘着气走完三圈时，孙子终于憋不住了，恳求地说："爷爷，明明是对方的错，您为什么要这样惩罚自己呢？您可不可以告诉我这个秘密？"

这个人终于说出了隐藏在心中多年的秘密。他说："我这不是在惩罚自己，而是解脱自己。我一边跑一边想着自己的房子这么小、土地这么少，哪有时间与资格去跟人家生气呢？等跑完了，我心中的怒火消失得无影无踪了，心也就平静了下来，便更有精力工作了。"

做到平心静气绝对是一种高深的境界。如果你每次生气时也能像故事中的这个人这样做，相信你必能收获一颗如莲花般清雅脱俗的心，和风细雨地化解和别人的矛盾，并且在思想境界上得到极大的升华。

你希望自己不被怒气冲昏头脑、更少出错吗？你期待自己的人际关系更加和谐吗？你渴望能更平顺地到达成功的彼岸吗？那么，务必在盛怒之时学着让自己的心静下来，守住一颗理智冷静的心。

赶走"跳蚤",心静气也消

生活中,每天都有琐碎的事情发生,或许是早上挤公共汽车时,被别人不小心踩到了脚,或许是上下班途中遇到堵车,或许汽车的轮胎突然跑气了……这些小事看似很小,但对于许多人而言却像身上的"小跳蚤",令人心不静、气难消。

我们先来看一个典型的事例。

连续工作了一个月,这个周末琳岩终于可以歇息一下了。早上起床后,她正打电话问候自己的好友,可是调皮的儿子却拽着她的衣角不停地问一些问题,烦躁的她忍不住粗暴地挂上电话,对儿子一阵劈头盖脸的指责。结果儿子开始不停地抽泣,而丈夫则指出琳岩的行为有些过分了。

顿时,琳岩的大好心情被破坏了。她一直想着这件事情,结果由于心不在焉,倒牛奶时不小心洒了,烫到了自己。琳岩十分恼火,认为都是因为儿子和丈夫的吵闹使她的心情变得十分糟糕。事情还不止这样,洗碗的时候,琳岩还打碎了一只杯子,虽然不值几个钱,但她简直要崩溃了。

就这样,琳岩几乎一天都没有什么好心情,她带着火气擦地、整理衣物,时不时教训着儿子,也没有心情和丈夫说一句话。晚上睡觉前,她还不停地抱怨这一天发生的事情:"都怨儿子淘气,好好的周末居然被搞得如此糟糕。"

这时候,丈夫温和地提醒道:"儿子有什么错呢?他还小,缠着大人是常事,不高兴的事情都是你自己造成的,更何况那是多么微不足道的一件事情啊!你为什么把自己弄得不高兴一整天呢?"

琳岩被牛奶烫到了、打碎了一只杯子、对丈夫不理不睬,原本好好的周末结果在不愉快中度过了,而这些仅仅是因为儿子的哭闹这件小事惹恼了她。这就像一位著名作家所说的一句话:"很多时候,让我们疲惫的并不是脚下的高山与漫长的旅途,而是自己鞋里的一粒微小的沙砾。"

生活中有许多琐碎的、像"小跳蚤"般的小事,它们虽不致死,但如果我们总是紧抓着不放,内心的苦闷情绪无法得到释放,就等于在无形中夸大了小事的重要性,只会给自己套上精神枷锁,使我们感到愤怒、苦恼和伤心。

打一个形象的比喻,生气就像滚雪球一样,一开始只是一个小小的雪团,但是当我们将一件本来无足轻重的小事一而再,再而三地放大,就等于不停地滚动这个小雪团,雪球自然会越变越大。

如此而言,当我们再次被"小跳蚤"搅得团团转的时候,请静下心来告诉自己这样一个事实:"生命太短促,眼下这件小事确实值得我丢不开、放不下吗?"尽力敞开心

暖心小语

心平气和,万事都不能让你抓狂。

胸，相信大多数人能丢得开、放得下。

认识到这一点，我们自然就不会轻易地为鸡毛蒜皮的小事而抓狂，没有了一个个"小跳蚤"的骚扰，内心世界自然会清静不少，也就能腾出更多的精力去放眼世界，以一个高屋建瓴的视角去俯瞰红尘中的万千事物。

有一位年轻人坐火车出差，由于时间紧急，他只买到了一张站票。火车上非常拥挤，年轻人站在车厢过道里，问旁边一位有座的男子："你在哪儿下车？"对方告诉他是下一站。年轻人窃喜不已：下一站就有座位了。

年轻人与一位老者并肩站在狭窄的过道里，他们不时地被挤来挤去。30分钟后火车到站了，那个有座的人下了车，年轻人刚要去坐座位，谁知却被另一个壮汉抢了。年轻人郁闷极了，恼火地盯着壮汉。

过了一会儿，年轻人在嘈杂声中听见一声惊叹："窗外的景色很美啊。"是那位老者发出的。他凝神窗外，嘴角露出笑意。年轻人顺着老者的眼光看去，是一条河，波光粼粼，河上有点点的小帆，确实很美丽，但他正在火头上，哪有心思欣赏外面的风景，便露出毫不在意的表情。

老者似乎明白了什么，沉默片刻后，亲切地拍拍年轻人的肩膀："现在你把自己的心思都集中在跟你抢座人的身上，心里窝着一团怒火，没有心思欣赏窗外的风景吧！不就是一个座位嘛，难道你真想为此错过一路的好风景吗？"

年轻人听了，内心有些触动，默默地欣赏起路上的风景。渐渐地，他被美不胜收的风景所吸引，心旷神怡。这时候，他后悔自己刚刚居然愚蠢到为了抢一个座位而怒火中烧，而且那真的没有什么可气的……

诚然，每个人都有喜怒哀乐，生气是正常的情绪反应，但为一些本不应该生气的琐碎之事而大动肝火，这样的行为是对自己内心的折磨，在他人看来也是极其愚蠢的。冷静下来后，自己也会觉得可笑。

下次遇到不如意、不愉快的事情的时候，学着冷静一点儿，告诉自己："这只是一件鸡毛蒜皮的小事，根本就不值得我去发火。"如此做了，你将走出情绪的漩涡，还有什么矛盾可纠结的呢？

在愤怒之时保持一颗冷静的心，不让自己因为一些微不足道、鸡毛蒜皮的小事去抓狂。这样，没有了一个个"小跳蚤"的骚扰，内心世界自然就会变得清静不少，你的心情也将随之焕然一新。

深呼吸，管它是非对错

在这个世界上，我们每一个人都是独立的个体，都有自己的个性和思想，在和他人的交往过程中，不可避免地会因为与别人的观念不同而产生大大小小、各种各样的矛盾。这时候，不少人会因此与对方发生争论。

毫无疑问，争论对于真理而言至关重要，但可惜的是，能够在争论中保持情绪平稳的人少之又少，绝大多数人不免心态失衡，心里被愤恨、急躁、焦虑等情绪控制，而这些愤怒的情绪不会解决问题，只会让自己的内心受累，生活各方面都陷于窘迫。

在这一点上，成功学大师卡耐基也曾吃过大亏。

"二战后"，英国举办了一场宴会，为一位战争英雄授予爵士勋章。宴席期间，一位声名显赫的先生讲了一段幽默的故事，并引用了一句话，大意是"谋事在人，成事在天"，他随后补充道那句话出自《圣经》。

当时戴尔·卡耐基被邀请参加此宴会，也在场。他知道那句话出自莎士比亚的剧本，所以听到这位先生如此说，便站起来指出那位先生错了。顿时，那位先生红了脸，反唇相讥："什么？出自莎士比亚的作品？不可能！那句话就是出自《圣经》。"

"先生，你绝对错了，"卡耐基也有些愤怒，"如果你不相信我，你可以问问我旁边的法兰克·葛孟,他研究莎士比亚的著作已有多年。"谁知,葛孟在桌子下踢了卡耐基一脚,说道:"停止你们的争论吧,这句话的确出自《圣经》。"卡耐基茫然地看着葛孟,不知道他为什么要这样做。

宴会结束后,卡耐基私下质问葛孟。葛孟回答:"我当然知道那句话出自《哈姆雷特》第五幕第二场。可是,亲爱的戴尔,我们是宴会上的客人,为什么要证明他错了?那样会使他喜欢你吗?为什么不保留他的颜面?他并没征询你的意见啊?争吵有什么用呢?"卡耐基顿时愣住了,他这才意识到,为什么后来那位先生几乎不和自己说话,甚至许多人也都对他投来了异样的眼光。

毫无疑问,拥有渊博的知识、出众的口才为我们的工作、生活提供了有力的保障,但是如果凡事非要与别人争出个对错来,即使能够赢得口头上的胜利,却给自己徒增了几分烦恼和忧虑,无疑是得不偿失的。更何况,红尘之事本来也是真真假假、是是非非,许多问题更是没有唯一的答案,说不清、道不明。

因此,从现在开始,当争论不断升级时,我们要学会静下心来,将心胸放宽一些,控制住心中的怒气,及时地、主动地喊"停"吧。喊"停"看似是一种退让,实则是一种以退为进的策略,能够和风细雨地化解矛盾。

暖心小语

心胸放宽,控制怒气,让争论主动喊"停"吧。

下面，让我们来看一个典型的例子。

一天，位于某商业街的黄金行接待了一位面带怒色前来投诉的女士。一进门，这位女士就大声吵嚷："你们太坑人了吧，你们看看我的黄金戒指刚买来不久便出现一层灰蒙蒙的雾。"顿时，引来了很多人的目光。

为了不影响其他顾客，店员小蔡客气地领这位女士到大堂顾客休憩区。她拿过戒指仔细地看了看，随后根据自己的经验，推断是女士保养不当所致。女士一听着急了，指责小蔡信口雌黄、血口喷人，并声称自己买的是假货。

小蔡年轻气盛，怒从心来，但她稳定了一下自己的情绪后，还是微笑着、很客气地说道："我们店里所卖的商品绝对是真货，这点您放心。现在戒指出现这样的情况，我们也很痛心。请问您在哪儿工作？"

"我在化学试剂厂工作，有什么问题吗？"女士火气未消，用不客气的语气问道。

"我还想问一下，您平时上班时戴首饰吗？" 小蔡依旧微笑着询问。

女士白了她一眼，说道："当然戴喽！"

"以后上班时，您最好不要戴首饰了。在试剂厂，首饰容易受到化学试剂的腐蚀，保养方法里提到过的。"小蔡耐心地给女士讲解。说完，她把这位女士的戒指给了技术人员，进行了一番清洁处理，使之恢复了原貌。

这时，这位女士明白了戒指被雾化的原理知识，她不好意思地道歉："刚才我太性急，还没搞清楚就……"接着，她走到黄金行营业厅内，大声地向其他顾客道歉："对不起！刚才我打扰大家购买的情绪了，我在这里向你们道歉,向黄金行道歉。请你们放心购买这里的金银首饰,这里无假货,服务好。"

小蔡是一位非常睿智冷静的人,面对女顾客的蛮横指责,她虽然心有怒火,但很快将怒气克制了下来,没有愤怒地与对方争论,而是心平气和地告知对方戒指表面雾化的真相。这样既和风细雨地化解了矛盾,又令女顾客对自己心生好感,从而为黄金行保留了一位回头客。

人与人之间的分歧是必需的,也是必然的。不管怎样,争论是一种重要的沟通方式,它不是单纯地为了宣泄愤怒情绪,更不是"泼妇骂街",而是使你的观点被对方认可,使复杂的问题变得明朗化。

在这里,提供几个防止愤怒争论发生的简单小方法。

1. 无论你遭遇什么事情,先让自己冷静下来,想一想凭借着一时的冲动和别人争吵是否值得。这样,你的坏情绪就会得到迅速转移。你不妨先看看对方的脸,待情绪稳定一点儿后,再心平气和地说出自己的想法。

2. 深呼吸几下,最好是能够以"我不确定自己的想法是否正确,我是这样想的……""如果我的想法有错,请你指出来"这样的话语说出自己的想法,这样既能将自己的心态维持在一个稳定的状态,又能促使对方心平气和地听取你的意见。

3. 如果对方已经察觉到自己的想法有差错,这时候,你最好冷静地对待吵架的结果,给对方一个台阶下。比如,你可以说:"其实我也存在不足的地方,谢谢你帮我加以改进和完善。"也可以说:"以前我也屡犯这方面的错误。"否则,双方的敌对情绪会一直持续,也很难处理。

总之，争论不断升级时，及时喊"停"，用冷静代替愤怒，便能够容纳和理解世上的对错、是非，如此，自然可以化解各种矛盾，避免许多烦扰，我们的内心就自然能够获得平静和快乐，这是一个良性循环。

清者自清，坦然就好

面对别人的攻击时，我们原来的心理平衡被打破，不免会情绪急躁、大动肝火，有时甚至对别人以眼还眼、以牙还牙。结果呢？大多是斗得两败俱伤，彼此间感情恶化，自己也很难有好心情，这又何必呢？

当遭遇到别人的攻击时，与其情绪激动地与人争斗、反唇相讥，不如让自己保持一颗宁静的心，坦然自若地去面对。这样既能维护好内心的平衡，又能和风细雨地化解矛盾，从而赢得别人的赞赏，何乐而不为？

从前，有一个叫吴智的人很瞧不起僧人，一次出远门，他恰好碰到了一位老和尚。因为要往同一个地方去，两人相伴而行。这一路上，吴智用尽各种方法讥讽、嘲笑老和尚，但老和尚好像没听见似的。

快到目的地了，吴智很不解地问老和尚为什么对于自己的侮辱根本无动于衷，始终心平气和。老和尚轻轻地一笑，回答道："假如有人送你一份礼物，可是你拒绝接受，那么这份礼物将属于谁呢？"

吴智很快回答道："当然属于那个送礼的人了。"

老和尚微微一笑，说："我不接受这一路上你对我的辱骂，那你就是在骂自己了！"

吴智一下子羞愧得面红耳赤，灰溜溜地走了。

由此可见，拥有一颗宁静之心的人，不管别人怎么攻击都影响不了他们的情绪，更左右不了他们的生活，他们始终相信清者自清，能够以更好的状态去面对人生中的各种矛盾，是活得最快乐、最坦然的人。

面对别人对你的语言攻击，只要你不生气就是最好的反击，如果加上微笑，那就更完美了。文学大师拜伦就曾说过这样一句话："爱我的我报以叹息，恨我的我置之一笑。"他的这一"笑"，真是洒脱极了、优雅极了。

嫣然一笑、视若不见、充耳不闻，让人家去说，你仍走自己的路，使这种攻击行为伤害不到你、拖不垮你、拉不倒你、挡不住你。这等坦然自若的作风怎能不像磁铁一般紧紧地吸引别人的目光呢？

由于工作出色，若茗进入公司不到三年就被领导提拔了，从一个普通会计晋升为财会小组长。遇到这样的好事情，若茗心里自然是美滋滋的，上下班路上都哼着小曲，但是很快，这种好心情就被破坏了。

有一个同事心里不平衡，觉得自己是老员工，凭什么这么好的机会让资历尚浅的若茗"捡"了，于是，对若茗的态度尖刻了起来，很不客气，有时还带着"刺"："有些人爬得真快，也不想想是谁在给她垫着背说话""人家年轻，人长得好看，悄悄抛一个媚眼，自然就能得到老板的宠爱……"

暖心小语

拜伦：爱我的我报以叹息，恨我的我置之一笑。

听到这些，若茗自然明白对方所指，她很是气愤，但是理智控制了情感。办公室就几个人，她也不想搞得很僵，毕竟还要与他们来往，而且自己也要发展和进步，于是，每当那位同事再对自己风言风语时，若茗都是嫣然一笑，继续埋头工作。

就这样，若茗顶着被否定的心理压力，不断地提高自己、完善自己，工作成绩越来越好，又一次次得到了领导的表扬。时间久了，这位同事也觉得若茗的工作能力的确比自己高出不少，也便不好意思再说什么了。

清者自清，用实力证明自己，才能和风细雨地化解矛盾。再者，一个能够在众人的目光下努力将自己变得越来越好、让众人望尘莫及的人，其心灵势必具有令人震撼的力量，令别人情不自禁地被折服，从而让他人只能欣赏你。

当然，面对故意的攻击也可以适当地反击，然而应该讲究反击的艺术性。幽默的方式为最佳，这样既可以表达自己的愤怒之情，有效达到反击的效果，同时还表现得自己非常有涵养。

在西方有这样一则趣事。

有一天，德国大诗人歌德在公园里散步，对面走来了一位曾反对自己的评论家。这条狭窄的过道，只能通过一个人。那位傲慢无礼的评论家头一昂，对歌德说："你知道吗？我是从来不让路给傻瓜的。"歌德连忙让到一旁，笑容可掬地说："我和你恰恰相反，请吧！"评论家十分尴尬，进退两难。

总之,千万不要因他人的无理取闹、荒唐攻击而乱了方寸,也千万不要因此大动干戈。让心灵平静下来,坦然自若地去面对。

不偏激，方向就不会迷失

偏激，可谓是静心的"天敌"。一位作家曾说过这样一句话："人的一生像一局棋，常常是一步走错，满盘皆输。痛苦的少年，常会是后来不愉快的青年。不愉快的青年，往往是终生偏激忧郁的成年人。"

为何如此说呢？这是因为偏激者大都戴着墨镜在"行走"，往往"一叶障目，不见泰山"，看事以偏概全、做人固执己见、办事意气用事，这是一种病态，一种主观武断、我行我素的臆想。

关于偏激，有这么一个故事。

一个养鸡场的主人很讨厌保险推销人员，因为他之前遇到过出事之后不赔偿的案例，因此他觉得保险推销人员人前一套，背后又是一套，这让他咬牙切齿，平时有事没事就向别人说保险业的坏话。

有一天，一个保险推销人员来鸡场买鸡，养鸡场主人虽然很讨厌他，但是生意来了，自然不能放过，于是他就带着保险推销人员到鸡场里挑鸡。对方左挑右选，最后终于看中了一只毛掉得差不多、头也秃掉的老公鸡。

养鸡场主人很奇怪，问对方为什么要买这只又丑又老的公鸡。保险推销人员轻轻一笑，回答道："我回去把它养起来啊，然后路人看见了肯定会问我从哪儿买的,我就告诉他们是从你这里买的。"

养鸡场主人一听着急了:"不行啊,你看看我这里养的鸡都是肥肥嫩嫩、漂漂亮亮的,就这一只又丑又老,你挑了它也就算了,凭什么还要把它当成我养的鸡的代表?那也太不公平了吧!"

这时候,保险推销人员笑嘻嘻地回答道:"你看,同样的道理,少数几个保险推销人员行为不检点,你却把他们当成了整个保险业推销人员的行为,那么,照你的话说,这对我们保险人员公平吗?"

人若个性过于偏激,一激动就会迷失方向,便不能心平气和地面对眼前的人和事,很容易就走进了一个怪圈:不理智,从而偏激;因为偏激而更不理智,最后更加偏激,这无疑是静心的大障碍。

偏激心理的要害是情绪的激愤,常常发生在我们对某件事的争论时,尤其是争论的双方本来就心存芥蒂,一旦意见分歧,就新账老账一起算,情绪更加激愤,这就容易将本来不大的问题复杂化,更容易使彼此的关系搞僵。

要想走出心理不平衡的误区,让自己变成理智的思考者,就得学会在纷繁的社会中保持一颗理智的心,不能以偏概全、固执己见、意气用事,而是要在公平公正的基础上看待红尘世间的一切。

暖心小语

固执己见、意气用事,就不会有好的结果。

罗莉曾经被一个原本与她很好的同事伤害过,她气愤极了,偏激地认为在公司是没有人情可言的,于是对别人产生了警惕心理,在公司总是有意识地拒绝与别人的交流，对别人也根本不关心。

刚一开始，同事们还会友善地和罗莉打招呼，但罗莉回应的总是一副冷冰冰的脸色，让对方很没面子。渐渐地，大家也就对这位冷美人敬而远之了，甚至还有些小小的厌恶，毕竟谁也不欠谁，她凭什么摆脸色给人看啊。

在公司没有人把自己当朋友看，这让罗莉更感觉职场的冷酷无情，内心自是一片孤独，时常焦躁不安。主任了解情况后，找罗莉进行了深入的谈话，指出："如果你因为被某一个人伤害而将其他所有人都当作敌人的话，是永远得不到快乐的。你有没有想过改变一下自己呢？拿出自己的信任与热忱与别人进行交往。"

后来，罗莉开始尝试着微笑地和同事们打招呼，热情地帮助别人，慢慢地大家对她产生了一种亲切感，自然而然地就喜欢和她做朋友了。有了平静安宁的心情，又有了好的人缘，罗莉工作起来很有激情，由此步步高升。

由此可见，要想和风细雨地化解矛盾，就要保持一种冷静的心态，培养沉着、老练的处世态度。对待周围的人和事，或支持，或反对，都要按捺住自己的激愤情绪，不能夸大自己的偏激认识。

只要有信心、有耐心，不断改变内心的非理性观念，学会全面地、客观地分析和认识问题，在静心思考之后再陈述自己的见解，偏激就能得到有效地控制，你就会变得沉着、大方、冷静、自信，从容地化解任何矛盾与冲突。

个性过于偏激，就不能心平气和地面对眼前的人和事，很容易将本来不大的问题复杂化，这无疑是静心的大障碍。鉴于此，要学会在纷繁的世界中保持一颗理智的心，培养沉着、老练的处世态度，按捺住自己的激愤情绪。

乐观，你就是优胜者

现代生活中，人与人之间难免会发生一些矛盾和小摩擦，如相互不能理解和宽容、怒气不能平复，势必会造成不平衡的心理状态，小矛盾就有可能变成大矛盾，便会引发出一场你死我活的情感搏斗，彼此遭受折磨。

这时候，何不选择另外一种生活态度，适当地学学"阿Q"，用"阿Q精神"进行自我安慰，努力让自己的心平静下来，获得心理上的满足，保持精神上的优胜，从而缓解并平复心头的恼怒，将一切矛盾化为乌有。

面对人际间的矛盾，每一个人都有自己的做法，但若想在红尘中守住一颗如莲之素心，我们就要主动地安慰自己，缓释怒气和怨气，从而宽容起来，谅解一切，和风细雨般地化解矛盾。

一次，有一位议员当众羞辱了林肯。林肯非常恼火，回家后气得连饭都吃不下，于是他摊开信纸，给那位议员写了一封长信，他用最尖酸、最刻薄的语言将对方骂了个狗血淋头，然后方才上床睡觉。

第二天早上，部下要将信发出去，林肯却将那封信撕了。部下迷惑不解。林肯笑着解释道："我在写信的过程中已经把那个议员骂得很重了，好好地教训了他一番，气也出了，何必再把它寄出去呢？"

由此可见，"阿Q精神"实际上包含着让步、理解等一系列健康心理的素质，并借此达到"怡然自得乐、潇洒对人生、淡泊以明志、豁达心宽容"的境界，从而将不愉快的事情给予合理化处理。

在实际生活中，我们若想将自己从愤怒的情绪中解脱出来，轻松化解各种矛盾与冲突，就要时常学学"阿Q精神"，及时静下心来调整心态，以一颗平静的心面对矛盾，从而避免出现针锋相对、自毁前程的"闹剧"。

杜磊是一家IT公司的软件开发技术人员，曾经是公司的骨干。后来公司新招了两名计算机专业的应届毕业生，并让他们负责新技术的研发。杜磊很想参与该项研究，并拟定了一份计划书递交给了领导，却迟迟没有回音。

眼看着两位新同事整日伏案攻关，杜磊心里更不是滋味，心想："我在公司兢兢业业六七年了，没有功劳也有苦劳呀，领导凭什么对我的请求置之不理，会不会让我下岗啊？是不是要过河拆桥呀？"杜磊越这样想，心中的怒火越大，不仅对领导心存芥蒂，而且对两个新同事也很仇视，甚至对工作也不上心了，后来变得不想上班了。

经过心理咨询，杜磊学会了"阿Q精神"："不就是个软件吗？不让我干我正好歇着，用不着加班加点了。再说了，领导不安排我，也是照顾我的面子，和两个年轻人平起平坐的，担心伤我的自尊。"这样一想，杜磊豁然开朗了。从此，他看领导也亲切了，看两个新同事也顺眼了，也能够积极地开展工作了。很快，领导鉴于杜磊出色的工作能力和

暖心小语

必要时学学"阿Q"精神，保持精神上的优胜。

职业道德，将其提拔为技术研发部的主管。

公司的骨干居然受到了领导的冷落，这让谁都无法坦然地接受，幸好杜磊及时地学会了"阿Q精神"，很显然，这使他用平静制止住了愤怒，在精神上保持了优胜，从而化解了与领导和同事之间潜伏的矛盾。

试想，如果一些人能够时常学学阿Q，或许他们会更多地看到自己生活中值得珍惜的东西，不会因他人无意中对他们的伤害而积怨于胸，造成自己自卑、愤怒、脆弱的心理状态。

你不妨多准备几句积极的词汇来评价自己，评价自己所做的事情，例如"或许我真的不漂亮，但是我温柔、惹人爱"、"我素质高，不和你们一般见识"、"真理掌握在少数人手里"，等等。

如此一番之后，你会发现，自己的内心被重新灌输了平静的力量，心中的怒气得到了平息，能够潇洒自信地避免各种不必要的冲突。

要想避免出现针锋相对、自毁前程的"闹剧"，就要适当地自我安慰，让自己获得心理满足，保持精神上的优胜，进而缓释怒气和怨气，一切矛盾就能化为乌有。

冷静，烦恼化菩提

在工作和生活中，人与人之间难免会有摩擦，但是用怒气打压或者消灭对方并不能显示出我们的智慧，因为与之对峙的同时，我们自身的精力也必将有所消耗，自身的心性也必将有所动乱，不但不能化解矛盾，结果反而加剧了彼此间的冲突。

既然愤怒的伤害如此之大，我们何必固执地抱着愤怒，让愤怒折磨自己也折磨他人呢？面对那些令人不愉快的冲突，不如保持一份平和的心态，以理智之态处理，敌人也能成为朋友，烦恼也能转为菩提。

在这里，有一个经典的例子，我们不妨来分享一下。

欧玛尔是英国历史上唯一留名至今的剑手，他有独属于自己的取胜秘诀。

曾经，有个与欧玛尔势均力敌的敌手，他与欧玛尔斗了30年，仍然不分胜负。在一次决斗中，那位敌手从马上摔了下来，欧玛尔持剑跳到他身上，一秒钟内就可以杀死他。但此时，对手却做了一件出人意料的事——向欧玛尔的脸上吐了一口唾沫。

欧玛尔停住了，对敌手说："我们明天再继续！"

敌手有点儿糊涂，忙问为什么。欧玛尔说："30年来我一直在修炼自己，让自己不带一点儿怒气作战，所以我才能常胜不败。刚才你吐我的瞬间，我动了怒气,如果此时我杀死你,我就再也找不到胜利的感觉了,所以,我们只能明天重新开始。"

不过,这场决斗永远也不会开始了,因为那个敌手已经拜欧玛尔为师。

> **暖心小语**
>
> 愤怒,既折磨自己也折磨他人。

那个敌手之所以能够与欧玛尔冰释前嫌、化敌为友,是因为欧玛尔面对他无理的举止并没有气愤地与他针锋相对,而是努力让自己保持心平气和。这是他不曾具备的气概。

"人生最大的敌人不是别人,而是自己;人生最大的胜利不是制敌,而是克己;以势压人,让人心口不服;以理服人,让人心悦诚服。"星云大师以生动而平实的语言阐释了人生克制怒气、将烦恼转为菩提的奥秘。

打一个形象的比喻,我们的心如同一个容器,它的空间是有限的。消除怒气并不需要刻意地复杂而为,只要你努力让自己的心安静下来,用平静之气不断充实自己,那么怒气自然就无容身之所了。

所以,即使别人的所作所为多么令你气愤,也要提醒自己冷静、冷静、再冷静。心平气和之下,我们的内心世界将会越来越丰盈,心灵将不受任何的羁绊,自然就能自由自在地飞翔,那么在不知不觉中便会创造出许多美好。

宽容，让温暖继续

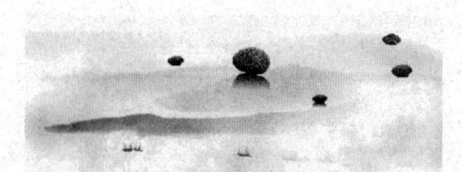

每个人都会有生气的时候，生气就像打喷嚏，看起来似乎是无法忍受，非打不可，但是很多时候，在自己火冒三丈之前，用一颗宽容的心来对待那些让你动怒的人和物，你会发现，怒火渐渐地消失了。

不生气的第一步就是宽容。学着敞开你的胸怀，以一颗宽容之心待人吧。要知道，宽容是一种能够紧紧地将怒气中的人包围住的力量，在这样的气氛中，没有什么事情是不能通过和平的途径解决的。

某个寺院住着一位德高望重的住持和一群小和尚。寺院戒律很严，一到晚上，寺门就会关闭，无特殊情况是不允许出寺的。

一天晚上，用过斋饭之后，住持独自在寺院里散步。走到寺院南边的高墙时，他突然发现了一把座椅斜靠在墙上，他马上想到这可能是哪个贪玩的小和尚翻墙出去玩耍了。老住持没有声张，走到墙边，移开椅子，就地而蹲。

一直等到午夜时分，果真有一个小和尚翻墙回来了。黑暗中，他踩着住持的背脊跳进了院子。当他双脚着地时，才发觉刚才踏的不是椅子，而是住持。小和尚顿时惊慌失措、张口结舌。但出乎小和尚意料的是住持并没有厉声责备他，而是以平静的语调说："夜深天凉，快去多穿一件衣服。"

老住持宽容的态度感动了那位小和尚，自此，小和尚再也没有违反寺规私自出寺，而是暗暗地努力修炼。过了很多年之后，他成了一位颇有造诣的高僧。

试想一下，如果住持发现小和尚翻墙之后，对他大加责备，并处罚了小和尚会怎么样呢？也许，小和尚不仅不会引以为戒，而且会思考着下次如何偷偷出去才不会被发现。

怒气是斩断情意的利器，而宽容是沟通情感的桥梁。愤怒时静下心来，以宽容的心态待之，那么就能够将大事化小、小事化了，和风细雨地化解矛盾，我们自然也就能够轻松获得一份淡定平和的心态。

大海因宽容而成就自己的浩瀚，天空因宽容世间万物而辽阔，人的胸襟也应以宽容别人而宽广。就像雨果曾说过的："世界上最宽阔的是海洋，比海洋还宽阔的是天空，比天空还宽阔的是人的胸襟。"

在生活的琐碎中，总会有很多令人想要生气的事情，也许是令人恼火揪心的婆媳关系，也许是朋友之间的争吵，或者是你在某个场合与人发生了利益冲突……如果能够静下心来，宽容一点儿，后退一步，事情就很好地解决了。

也许有人觉得，当两个人都在气头上，正在针锋相对的时候，单方面的宽容代表的是怯弱，然而，事实不是这样，这不是一种人性上的弱势，而恰恰表现出了你的智慧和大气。怀有一颗宽容之心的人必定是内心强大的人。

暖心小语

宽容是一缕阳光，照耀着自己，也能够温暖别人的心。

王宏是一位专业的程序设计员，由于出色

的工作能力,他到公司不到半年就做到了主管的职位。而被替换的旧主管自然是不服,他认为是王宏影响了自己在公司的发展,所以视王宏为眼中钉、肉中刺,一见到王宏就气不打一处来。

有一天,旧主管实在是压抑不住心中的怒火,他怒气冲冲地跑到王宏面前说:"都是因为你,为什么你总是这么打压我?要不是因为你,我肯定会得到领导的重视,步步高升。可是就是因为你,我才没有施展才华的机会。"

面对对方突如其来的怒骂,王宏有些不知所措,但是他强忍住心中的怒火,心平气和地说:"我不知道你为什么这么说,但我扪心自问,我没有做任何对不起你的事。如果我真的有什么地方做错了,请你说出来,我向你道歉。"

旧主管原以为面对自己的无理取闹,王宏肯定会勃然大怒,如此一来就干脆来个鱼死网破。但是王宏如此诚恳,出乎他的预料,他不知道接下来该怎么收场。其他的同事看在眼里,都劝他消消气,有的人甚至还批评他的无礼。

让旧主管更为感动的是,在自己被众人指责为众矢之的的时候,王宏并没有落井下石,而是对其他的同事解释说:"没有关系的,他最近的压力太大了,有些事情是我做得不够到位,不能全怪他。"

这下,王宏不仅把旧主管的怒火给彻底浇灭了,还赢得了其他同事的赞叹。旧主管对王宏产生了莫名的钦佩,用感激的眼神看了他一眼。从此他摆正自己的心态,与王宏冰释前嫌成为了好朋友,二人被公司誉为"黄金搭档"。

王宏的聪明之处,就在于他能够及时地静下心来,宽容旧主管无端、过分的指责，不仅不计较对方的无礼，而且还帮助对方解围。这样既阻止了一场无谓的争吵，而且还多了个朋友，更让自己赢得了同事们的赞叹。

宽容是一缕阳光，照耀着自己，也能够温暖别人的心；宽容是一丝春雨，滋润着自己的心灵，也滋润着别人的心田；宽容是一粒种子，播种在自己的心里，也在别人的心里生根发芽。

明白了这些道理之后，就将之贯彻到实际生活中吧，相信你定能时刻保持一颗不气不恼的心，而且能够轻松地消解别人对你的怒气，让自己的生活少一份障碍，人生之路走得更顺畅一些。

不生气的第一步，就是宽容。学着敞开你的胸怀，以一颗宽容之心待人吧。要知道，宽容是一种能够紧紧地将怒气中的人包围住的力量。在这样的气氛中，没有什么事情是不能通过和平的途径解决的。

第三章
始一段简行，自有一路良辰美景

累了吗？累了就停一停，放一放，舒展一下身心，简单而行。包袱多了，自然会累，行囊轻了自然轻松。心愉悦，生活处处都是美景。

身心无累，心花开

生命如同一段旅程，在这段旅程中，每个人都背着一个空行囊向前行走。一路上，我们不断地捡拾想要的东西，就这样，越往前走，我们身上的包袱越重，如此身心不堪重负，轻松的感觉也就渐渐地消失了。

所以，如果你在生活中时常感到内心沉重、疲惫不堪，那么就需要静下心来，检查自己是否背负着太多无价值的、不必要的包袱，背着它们你是否感觉异常的沉重？好好思考一下你准备还要扛多久。

一个年轻人从千里迢迢的山上来到海边，想到一个地方去。他驾一叶轻舟扬帆出海，劈恶浪、战狂风，鞋子破了，手也受伤了，流血不止，嗓子因为长久地呼喊而变得沙哑，但还是没能到达自己的目的地。

有一天，年轻人靠岸休息时遇见了一位智者，便悉心求教："大师，我是那样地执着、坚强，长期跋涉的辛苦和疲惫难不住我，各种考验也没有能吓倒我。我已疲惫到了极点，但是为什么还是到不了我心中的目的地？"

智者看了看他背后的大包裹问道："你的包裹里装的是什么？"

年轻人回答："它们对我可重要了。里面有我生活必需的用品，有我每一次跌倒时的痛苦、每一次受伤后的哭泣、每一次孤寂时的烦恼，还有沿途获得的珍宝……靠了它们，我才有勇气走到这里。"

智者听完安详地问道："你的力气实在是太大了，你一直是扛着船在赶路吧？"

年轻人很惊讶："扛着船赶路？它那么沉，我扛得动吗？"

智者微微一笑，说："你从那么远的地方背负了那么一大堆东西来，岂不有力？不就如同扛了船赶路吗？过河时，船是有用的，但过了河，就要放下船赶路呀，否则它会变成你的包袱。"

听完智者的话，年轻人顿悟，他把那个包袱放了下来，顿觉心里像扔掉一块石头一样轻松，他发觉自己的步子轻松而愉悦，比以前快得多了，目的地近在咫尺。生命原来是可以不必如此沉重的。

故事中这位年轻人因为不懂得放下身上不必要的背负，导致内心郁积、身心不堪重负，之后他在智者的提点下卸下了沉重的包袱，最

暖心小语

翅膀系上了包袱，又怎么能飞得远。

终让身心轻松上路，更加快速、顺利地到达了成功的彼岸。

这正如日本政治家德川家康所说的一句话："人生不过是一场带着行李的旅行，我们只能不断地向前走。在行走的过程中，要想使自己的旅途轻松而快乐，就要懂得在沿途中抛弃一些沉重的包袱。"

的确，如果你希望自己的人生旅程是快乐的、轻松的，那么就应该时常静下心来，好好地整理身上的"背包"，丢弃掉那些多余的负担，放下任何"不值得"背负的东西。比如，你犯过的错误、你说过的错话、那些让你愤恨的人……

要知道，天使之所以能够在高空中飞翔，是因为她有双轻盈的翅膀。当给她的翅膀系上了多余的包袱时，她就可能再也飞不远了。我们也应该如此，只有及时清理背包里面的沉重物品，才能在红尘之中素心若莲。

作为一个作家、投资人和地产投资顾问，爱琳·詹姆斯在工作领域努力奋斗了十几年，密密麻麻的日程表塞满了她生活的每一分钟，令她的生活忙碌而紧张，情绪整天紧绷着，身心疲惫。

一天，爱琳·詹姆斯意识到自己再也忍受不了这张令人发疯的日程表了，于是她决定摒弃一些东西。她着手列出一个清单，把需要从她的工作中删除的事情都排列出来，然后采取了一系列"大胆"的行动。比如，她把堆积在桌子上的所有没用的杂志和信件全部清除掉，取消了一大部分非必要的电话预约。她打电话给一些朋友，取消了每周两次为了拓展人际关系的聚会。

通过这些有选择的舍弃，爱琳·詹姆斯忽然感觉自己不再那么忙碌了，还有了更多的时间陪家人，有了更多的思考时间，因为睡眠时间充足，心态变轻松了，她的工作效率得到了很大的提高，身体状况也变得好了很多。

后来，在自己的作品中，爱琳·詹姆斯感叹道："从来没有像今天这个时代让人类拥有如此多的东西，这些年来我们也一直被诱导着，使得我们误认为我们需要拥有这一切的东西，而事实上很多东西都是生活的累赘，我们沉溺其中只会心烦意乱。与其这样忍受折磨，不如舍弃。"

由此可见，疲惫时静下心来，整理一下自己的"背包"，放下那些"不值得"背负的东西，这样才能让自己轻装上阵，迈出新的步伐，也将更有信心走好后面的路，享受到更多生活中美妙的色彩。

生命如同一段旅程，一路上我们不断地捡拾想要的东西。如果你时常感到内心沉重、疲惫不堪，那么就需要静下心来，检查一下自己是否背负着太多无价值的、不必要的包袱。卸下它们，让身心轻松上路吧。

简单心看人生最美

时下,有些人成天在喊"活得太累、太累",何故?究其原因,与他们把简单的问题搞得复杂不无关系。"人"字的结构够简单的了,但是人是最聪明又最复杂的动物,生活中做人并非易事。

有一个人觉得生活很复杂,这令他时常觉得身心俱惫,于是他到山上拜佛烧香。礼佛完毕后他与寺庙的方丈在一起聊天,聊着聊着就说起了自己的烦恼。

方丈听完后捻须不语,只是微笑地看着这个人。

这个人被方丈看得有些不知所措,心想方丈这是怎么了。

过了一会儿,方丈仍然是微笑而视。

这个人怔在那里,心想:"方丈是不是在心底嘲笑我呢?笑我像小丑一样。"

时间一分一秒地过去,方丈始终都保持着微笑不语的样子。

这个人再也按捺不住了,张口说道:"你贵为佛家子弟,岂能这样看待别人?真是无理!"

话音刚落,方丈便哈哈大笑起来,说道:"施主,以你看来我为何发笑?能否将你刚才心中所想一五一十地告诉贫僧?"

于是,这个人便如实相告。

方丈听完后说:"我方才只是想起了以前一件有趣的事情,所以就笑了,和你并没有什么关系呀。但你却妄自猜测,认为我是在笑你,是你想得太多了,这样你岂能轻松呢?只会失去他人对你的好感与信任罢了。"

此人听了,恍然大悟。

生活中,你是不是也经常像故事中的那个人一样把原本简单的事情看得太过复杂了?会因为别人的一句话、一个动作,甚至一个眼神,就会联想到别人是不是在嘲笑自己、在算计自己?以这种想法度人,周围的人和事便都是复杂的,最终在人情世故中作茧自缚,

这样一来,你的心岂能不劳累呢?!

如果我们复杂地看待世界,世界就对我们复杂。换一句话说:如果我们对自己简单一点、对别人简单一点、对周围的环境简单一点,别人也就简单地对待我们,周围的环境也会简单许多,生活会变得更轻松一些。

用简单的眼光看待一切,说得容易做起来难,因为"聪明"的人变"糊涂"不容易,但这并不是不能做到,只要我们能够时时让心静下来。心静安然,并能持之以恒,就一定能把人生这篇大文章写得通俗易解而又意味深长。

有这样一个小故事,读后让人如醍醐灌顶,豁然开朗。

有一个外国商人,辛辛苦苦地忙了大半辈子,终于挣足钱过上了好日子,于是他坐船到了西班牙海边的一个渔村度假,想静静地晒晒太阳,享受一下自然的美好,完全放松一下自己。

暖心小语

卸下心灵的包袱,欣赏一路美景。

在码头上，他看见了一个衣着破烂的渔夫从海里划着一艘小船靠岸，船上有好几尾大鱼。外国商人对渔夫能抓到这么好的鱼表示赞叹，然后问他："您每天要花多少时间就可以抓到这么多鱼？"

渔夫回答："一会儿工夫就抓到了，不用费多大力气。"

商人说："为什么你不再多抓一会儿？这样你就可以抓到更多的鱼了。"

渔夫不以为然地说："这些鱼已够维持我一家人一天的生计了，我为什么要抓那么多呢？而且我已经累了，需要回去和孩子们玩一玩，再睡个午觉。黄昏的时候到村子里找几个朋友喝点儿酒，再弹会儿吉他。"

商人听了摇了摇头，并且帮他出主意："我给你出一个主意，你就可以挣大钱。你应该多花一些时间去抓鱼，然后攒钱买条大些的船。到时候你就可以抓更多的鱼，再买渔船，然后你就可以拥有一个渔船队。你直接把鱼卖给工厂，这样可以挣更多的钱，再然后你还可以开一家罐头厂。这样你就可以离开渔村，到城市里去做有钱人。"

渔夫问："我要达到这些目标需要花多少年的时间呢？"

商人说："大概15年到20年。"

"然后呢？"渔夫问。

商人说："然后？然后你就会更加有钱，你可以挣好几个亿呢！"

渔夫问："再然后呢？"

商人说："那你就可以退休了，你可以每天睡到自然醒，然后出海抓几条鱼，捕鱼回来后和孩子们玩一玩，再睡个午觉。就像你说的，黄昏的时候到村子里找几个朋友喝点儿酒，再弹会儿吉他。"

渔夫听完，非常不解，他说："难道我现在的生活不就是这个样子吗？为什么我还要绕那么大个弯子呢？更重要的是等我做完了那些事，赚到了足够的钱,也许我已经没有时间来晒太阳、听海了。"

商人最终无话可说。

商人劳累了一辈子,因为他将简单的事情复杂化了,结果转了一大圈以后依然没有真正地从疲惫的怪圈中跳出来。而渔夫用简单的心态看待人生,却切切实实地享受到了商人为之一生努力追求的安然幸福的生活。

由此可见,简单不是对人生的退缩,不是清心寡欲,而是清醒中的深刻、明智中的理性,更是一种至纯至美的人生境界。这正如一位哲人所言:"如果生命以一种简单的方式来经历,连上帝都会忌妒。"

简单一点儿才能"减担",简单点儿、再简单点儿,不用挖空心思去依附权势,不必去贪图名利富贵,用不着留意别人看你的眼神,不去计较那些不必要的复杂,该哭就哭,想笑就笑,简简单单地活着,势必能够收获一颗若莲素心。

一加一减

在忙碌了一天后,夜深人静时你是否会常常感叹:生活仅仅是为了活着?在脚步匆匆的城市里生活,你是否感到了生活的疲惫?这时候,你需要让自己的心安静下来,思考自己是否做好了人生的加减法。

所谓"加法生活",就是需要我们在人生路上不断地争取,如个人能力、夫妻情感、家庭幸福、工作经验、财富以及名誉等。而做好人生的减法则是,勇于舍弃一些东西,是去粗取精的简约和精进。

大师南怀瑾曾说过:"宇宙间的一切道理,都是一加一减,非常简单。"无论多么遥不可及的目标,无论多么复杂的攀登之路,只要你做好了人生的加减法,身心就不会疲惫不堪,内心就建立了丰盈的自信。

只是,懂得用加法的人不少,而懂得用减法生活的人却不多。不少人都在拼命地追赶,不断地给自己做加法,没钱的人想有钱,有了钱想要更多的钱;想升职加薪,升职加薪后又想自己当老板……结果只进不出,心灵早晚有塞不进去东西的时候;只加不减,也早晚会有被彻底压垮的一刻。

在这里,我们打一个很形象的比喻:人的心就像一幢新房子,刚搬进去的时候,都想着要把所有的家具和装饰摆在里面,结果到最后却发现这个家摆得像胡同一样,反而没有自己舒服待着的地方,最后为所得所累。

张丽丽是一家公司的业务经理,她常感觉时间不够用,大部分的时间都用在了公司的业务上,每天仅有五个小时的睡眠时间,一年数次出国访问,国内出差好比坐出租车一样频繁,饮食也不规律,饥一顿、饱一顿……

渐渐地,在工作的过程中,张丽丽感觉胃疼,她一直没当回事。两年后,在出差去深圳的路上,张丽丽又感觉一阵阵的胃疼。她还忍着胃痛和一个客户商议了到深圳后的行程。后来,张丽丽的胃实在痛得很厉害,到了深圳后,她去医院做了个胃镜检查,却被告知是胃癌晚期。

只想着用加法获取更多而不懂得给生活做减法的人,整日被太多的欲望缠身,最终会失去心灵的轻松,活得劳心劳神、身心疲惫,无法享受到生活的快乐。回想一下,人生的这道加减法,你做对了吗?

关于人生的加减法,有一段很经典的话:"人年轻的时候,都是在用加法生活,不断地从这个世界上收集所需要的东西。但是到一定层次后,也就是一过而立之年,就必须要学着用减法生活。"

做加法的日子随心所至,随兴趣所好,至于做减法的日子是30岁前,还是40岁前,则不必计较,当你力不从心、身心疲惫时,自然会想到做减法。当然,疲倦的这一天是会来的,我们最好是在身心还能承受之前做好减法。

暖心小语

减法人生,轻松转身。

在生活的某个时刻、某个瞬间，我们应学会用加法；在另外一个时刻、另外一个瞬间，则要果断地用减法来处理。做好人生的加减法，你会在人生的舞台上拥有一个更加充实、坦然和轻松的转身，迈向成功和成熟的可能性就会随之增大。

你想感受到心灵的轻松吗？你希望走好人生后面的路吗？那么，你就要时常让自己的心安静下来，看看自己是不是忘记了做减法，还需要做哪些方面的减法，然后有选择、有目的地做好人生的减法。

只进不出，心灵早晚有塞不进去东西的时候；只加不减，也早晚会有被彻底压垮的一刻。时常让自己的心安静下来，做好人生的加减法，身心就不会疲惫不堪，内心就建立了丰盈的自信，迈向成功和成熟的可能性就会随之增大。

你没有三头六臂

两千多年前，孔子即认为君子要"有所为，有所不为"。"为"就是"做"，应该做的事必须去做，这就是"有为"；不应该做的事必不能做，就是"有所不为"。有所为、有所不为，人生不"越位"，这才算得上是"君子"。

在现实生活中，我们很多人之所以时常感到身心疲惫、举步维艰，正是因为没有抵达"有所为，有所不为"的境界，习惯像"超人"一样大包大揽身边的事情，凡事追求事必躬亲、亲力亲为。

的确，没有人是三头六臂、无所不能的，即使再优秀的人，精力和体力也是有限的。如果凡事苛求自己，让自己扮演的角色太多，非要把自己拔到那些完不成的极限和遥不可及的高度，怎能不心受折磨？

作为 IBM 公司的总裁、美国商场上呼风唤雨的大人物，汤玛士·华生的能力毋庸置疑，他非常热爱自己的工作，认为公司上下没有哪一部分能离得开他。

后来，汤玛士·华生感觉到生活如同失去了重心，每天都心神不宁、疲惫不堪……先是嘴上起泡，接着是出现各种上火症状，后来胃也开始不舒服了，血压也持续升高，而这加剧了他工作上的失误，甚至在一次工作中他晕倒了。

到医院一检查，汤玛士·华生被诊断出罹患心脏病，医生要求他立即住院治疗。华生一听，如晴天霹雳，他立刻焦躁地说："我们公司可不是一个小公司啊，我又是公司的总裁，每天承担着巨大的工作量，有忙不完的工作等着我，我现在怎么能安心住院呢！"

医生无奈地看着华生，没有再进行劝说，只是邀请华生一起出去走走。一直走到郊外的墓地时，医生指着一个坟墓轻轻地说："你我总有一天要永远躺在这儿，是不是？那时候，因为你的离开，公司就不照常运作了吗？公司就会关门大吉了吗？"

听完这番话后，华生站在那儿沉默不语，思索良久："是啊，我每天忙忙碌碌，将公司的大小事情都包揽下来，这就是我觉得越来越累的原因吧？如果我离开了，我的工作会有人接手来做，而公司依然可以照常运转。"

依照医生的指示，华生向IBM的董事会递上辞呈，安心地住院接受治疗。结果，IBM并没因此而一蹶不振，至今依然是蜚声国际的大公司，而华生本人也获得了心灵上的平和与安宁，生活渐趋平缓。

就像华生所感慨的那样，没有谁是无所不能的。如果把所有的事情都包揽下来，追求"事事通"，结果往往只能是

暖心小语

人生要有所为，而后有所不为。

"事事空"。因为扮演的角色越多，身心越容易疲惫而沉重，也就忘记了自己最初努力的目标。

认识并接受了这样一个事实后，我们在深感身心疲惫之时，就要静下心来反思一下自己的人生是否"越位"了，并且考虑在自身能力的基础上，适当地剔除一些"不为"，在有所作为的同时也要有所不为。

这并非不思进取、消极遁世、慵懒沮丧、驻足不前，要知道剔除"不为"之后，沉淀下来的往往才是最有可能有所作为的方面，如此，便可放下许多的事情，让每天的生活闲不住也累不着，拥有简单而安然的幸福，从而满怀信心地走好后面的路，让整个人生显得更加潇洒和美好。

我国著名文学家林语堂先生有一个书斋，他亲自取名叫"有不为斋"，更是将"君子有所为，有所不为"这句话作为自己的座右铭。而林语堂的一生的确也是"有所为，而有所不为"的。

英国作家弥尔顿说："心灵是一个特别的地方，在那里可以把天堂变成地狱，也可以把地狱变成天堂。"不让那些的繁乱干扰我们本该简单的生活，我们就一定能全方位地欣赏这个美丽的世界。

疲惫时静下心来，承认自己能力有限，放开"满把抓"的拳头，这是历尽跌宕起伏后对世俗的一种坦然，是运筹帷幄、充满自信的一种流露。如此，为人的洒脱与气魄便体现得淋漓尽致，很多事情便自然水到渠成。

疲惫时静下心来，承认自己能力有限，剔除一些"不为"，剩下来的往往是一个人最有可能有所作为的方面，这样的人生才不会"越位"，如此便能拥有简单而安然的幸福，满怀信心地走好后面的路。

忙中偷闲：令你爽朗的灵丹妙药

大哲学家亚里士多德曾说过："放松与娱乐，被认为是生活中不可缺少的要素。"遗憾的是，很多人一再强调自己有多忙碌，忽略了放松与娱乐，结果让自己身心疲惫，甚至心烦意乱，更别提走好以后的路了。

有一位商人邀请朋友到家做客。整整一个晚上，他都在对朋友倾诉他的烦恼和买卖上的激烈竞争。他谈到自己在孟买和土耳其的财产，谈到他所拥有的土地，还有他的咖啡，还取出从印度买回的珠宝让朋友欣赏。

"我明天又要出门做生意了，等这次生意做完，我可要好好休息一下。做生意做了这么多年，我早就感觉累了，想好好休息了，这是我目前最想做的事，但是现在我需要把中国的麝香运到波斯去，听说波斯贵族非常喜欢中国的麝香。然后我再把波斯的地毯运到罗马，再从罗马购买一些雕塑，用船运到印度，再从印度买大批香烛运回波斯，等这些做完我就可以休息了。"大商人虽面带倦色，可仍滔滔不绝地向朋友谈论他的计划。

朋友笑着问："你刚才所说的生意，要用多长时间才能做完呢？"

商人说："最快也得一两年吧！"

朋友叹了一口气，说道："那你最想做的事——休息，又要等一两年了。

现在你都已经觉得很累了，到时候你岂不是已经累垮了？为什么不趁现在先休息一段时间，然后再出门做生意呢？"

当工作很疲倦时，休息才是最重要的事。一个不会适时休息的人，只是一台工作机器，连上帝也不欣赏。所以，为什么不在疲惫的时候静下心来，忙里偷闲一下，帮助自己调整身心、享受生活的乐趣呢？

在自然界中，万物在春夏生长，呈现出一派生机勃发的景象；秋冬，万物沉寂，处于休眠状态。人本身也属于自然界的一部分，所以理应懂得休养生息。浮浮人生一路忙，"偷闲"是一种静心的放松状态，是一种符合自然规律的调适方式。

唐人李涉在《题鹤林寺壁》中写道："终日错错碎梦间，忽闻春尽强登山。因过竹院逢僧话，偷得浮生半日闲。"言语中透着一股子对"忙里偷闲"的羡慕，言外之意是说不要让生活羁绊着自己，我们要学着忙里偷闲，松弛一下疲惫的身心。

诚然，忙碌是避免不了的，然而我们可以改变对待生活的态度。其实，所谓的忙里偷闲并不是偷懒、投机取巧，而是说要善于调剂时间，即忙碌时做好闲暇的心理准备，偷闲时又能善用其"闲"，如此便能够调节好身心的平衡，游刃有余地做好自己的事情，这样做才能成为生活的主宰者。

暖心小语

一个不会适时休息的人只是一台工作机器，连上帝也不欣赏。

美国加州的一处度假村里，正在举办第三届电信行业高峰会议，几乎电信业的所有精英都聚集在了这里。每到会议休息时间，一些公司的老总便回到自己的房间，不是和助手商议方案，就是研究其他公司的资料，忙得团团转。

然而，唯独环球电信公司的老总亨得利却不一样。休息期间，他会独自一人沿着度假村的忘忧湖散步，或是到花园中欣赏奇花异草。这让其他的老总以为亨得利不重视这次峰会，或是贪恋山水美景而忘了自己公司发展的大事。

然而，令所有人惊奇的是，在每次会议上，亨得利都始终保持着非常精神爽朗的工作状态。轮到他发言时，他思路敏捷、精力旺盛、侃侃而谈，一直是整个峰会的焦点人物。当然，他也为公司争取到了最大利益。

会议结束时，有位老总非常好奇地问亨得利："平时总见你漫不经心、游手好闲，似乎很不重视这次峰会，可一到会议上，你就精神百倍、咄咄逼人，你是不是吃了什么灵丹妙药？"

亨得利哈哈大笑，回答道："是的，我的确是吃了灵丹妙药，但我吃的灵丹妙药就是忙中偷闲，在会议休息期间去散步、去赏花。在这段时间里，我的大脑得到了很好的休息，因此，这会议我是越开越精神呀！"

亨得利之所以能够成为整个峰会的焦点人物，究其原因就在于他很善于忙里偷闲。工作时认真工作，休闲时尽情放松，从而赢得了放松与和谐的身心，成为生活的主宰者，精神百倍、自信满满。

古人云："一张一弛，乃文武之道。"忙碌与休闲都是生存之道。生活中总有做不完的事、爬不完的坡，在疲惫之时静下心来，善于忙中偷闲，让身心得到彻底的休息，从中享受到生活的乐趣，这才是理智的人。

我们要懂得享受生活，学会忙里偷闲，那么如何忙里偷闲呢？我们不妨来看看美国著名心理咨询专家理查德·卡尔森在他的《让事情更简单》一书中的建议——度个"迷你假"。他这样写道：

"在上班时给自己一个短暂休憩的机会，不论你在这个'迷你假期'做些什么，都会对你大有益处的。那是你的特殊时间，如果可能的话，请让它变成生活中不可或缺的一种习惯。你或许想找朋友喝杯咖啡、吃顿午餐、清晨一起去散步，或一个人上网、跑步、看日出、遛狗、静坐冥想等，只要做任何能使你放松的事情即可。'迷你假期'不仅能帮你减压，还是调整身心的重要枢纽。"

"一张一弛，乃文武之道"。忙碌与休闲都是生存之道。疲惫的时候静下心来，忙里偷闲一下，如此我们就能够调整好身心的平衡，游刃有余地做好自己的事情，精神百倍、自信满满地做生活的主宰者。

找到你的北斗星

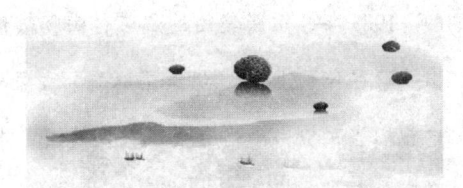

每个高尔夫球手都想尽力把球打得更远，这项运动要求几个动作同时进行，在此过程中各种错误都可能发生。众多的高尔夫教练总是教导说，把球打直要比打远更重要，方向比距离更重要。

人生就像打高尔夫球，选择了错误的方向，只能让我们做了不该做的事情，去了不该去的地方，加快速度也只会是错上加错，最终令我们身心俱惫、碌碌无为。正如荷马史诗《奥德赛》中的一句至理名言："没有比漫无目的地徘徊更令人无法忍受的了。"

方向比速度更重要。在人生的道路上，勤勉和努力固不可少，但首先要让自己的心静下来，选择一个正确的方向。如果方向是正确的，那么即使走得慢也能做出成效，如此就会有信心走好后面的路。

在人生道路上，我们一定不能一味地像老黄牛一样埋头拼命拉车，而要在"百忙"之中经常抬头看看方向，随时反省和思索最根本的方向性问题，把自己的人生路径逐渐导向一个正确的方向上。

鉴于此，当你整日为了销量而忙忙碌碌，为了市场四处奔波，为了业绩疲于奔命，结果却是销量下滑、市场疲软、业绩无增，这个时候，你是不是应该静下心来，认真想一想自己的工作方向是否正确？比如，目前做的是否是对销量增长无益的事情？开发的是否是早已被公司舍弃的市场？

关于这一点，"康师傅"之父魏应行的成功给了我们很大的启示。

1988年，顶新集团的魏应行满怀热情、信心百倍地来大陆创业，先后推出"清香食用油"、"康莱蛋酥卷"和另外一种蓖麻油产品，并大张旗鼓地做电视广告，但由于当时大多数人的消费水平尚在温饱阶段，所以这些高级产品不叫座，陷入滞销的状态。

1991年，魏应行带来的1.5亿元新台币血本无归，当初那个踌躇满志的年轻人此时也变得迷茫、心灰意冷。当时他经常在外出差，在途中他思考着一个问题：下一步该怎么走？每逢出差，魏应行就将从台湾带来的方便面带在身边，途中到用餐的时间就泡碗方便面充饥。

渐渐地，魏应行发现一同搭车的人们对他的方便面常常十分好奇，经常有人围观，甚至询问何处可以买到这种方便面。因为那时候在中国内地，方便面都是煮来吃的，不能泡着吃，而且还要放些配菜才可口，而魏应行这碗热气腾腾、香味扑鼻的方便面，既有盛面的碗又有吃面的工具，非常方便。

为什么不在这种方便面上挖掘商机呢？这个想法让几经失利而山穷水尽的魏应行异常兴奋。发现了翻身的机会后，魏应行冷静地分析了内地的方便面销售市场：内地生产的方便面很便宜，但是质量很差，多为散装；国外进口的方便面质量好，但是五六块钱一碗，相对于当时大多数人的消费水平来说太贵了。面对这样的市场情况，魏应行汲取了以往方向错误的教训，意识到要做适合内地居民消费水平的产品才会有市场，于是决定生产一种物美价廉的方便面，把售价定在1.98元人民币。

暖心小语

方向对了，才不会走弯路。

魏应行重新振作，毅然投身于方便面这个新领域。方便面生产线投产后，魏应行又开始考虑方便面的营销问题。经过深思熟虑之后，他给方便面起了一个响亮的名字——"康师傅"。之所以取这个名字，一是因为"康"字有健康的意思，取这个名字比较向上、积极；二是因为"师傅"是中国北方一个很普遍的尊称，亲切又能给人好印象。

1992年8月21日，第一碗"康师傅"红烧牛肉面诞生，1.98元一包的超值价格适合国人的口味，加上胖厨师的亲切形象，使得"康师傅"几乎一问世便被消费者接受和喜爱，并掀起一阵抢购狂潮，成为方便面的品牌代名词。

魏应行开发"清香食用油"、"康莱蛋酥卷"等产品时不可谓不努力，但是却超出了当时大多数消费者的消费水平，犯了方向性的错误，所以都不叫座，陷入滞销的状态。静心思考一番后，他开始致力于物美价廉的方便面，方向对了，"康师傅"品牌的成功也就自在情理之中。

不管在什么时候，方向比速度更重要。只有方向正确了，才能避免走弯路，才能做正确的事，才能避免苦苦追求、满脸疲惫地瞎忙。

唤醒内心的热情

每天，大多数人都在重复着千篇一律的工作，面对如此单调而机械的生活，你是否经常会有疲惫的感觉呢？是否感觉工作的时候经常打不起精神呢？工作业绩也随之日渐下降？如此，又怎会有信心走好以后的路呢?!

刘凯今年35岁，在一家电器公司做小职员。凭他的学历、资历、经验，完全可以胜任公司管理层的职务。这是怎么回事呢？原因是他从来没有在一个公司工作超过两年，一直在不停地跳槽。

为何他不停地跳槽呢？对此，刘凯解释道："每次找到新工作以后，刚开始时我总是充满激情，但是三个月之后我就会觉得疲惫，以后的日子完全就是抱着当一天和尚撞一天钟的想法，感觉一点儿意思也没有，只好寻找下一份工作。"

在这个例子中，刘凯因为不能摆脱对工作的厌倦心理，所以总是觉得工作没有意思，并且不停地跳槽，以致不能升迁，信心受挫。可想而知，他的未来不会多么如意，身心将一直被疲惫所折磨。

处于这种逆境中，难道就一直这样消沉下去吗？如何摆脱这种心理疲倦的困扰呢？唯一的办法就是让自己静下心来，唤起自己的工作热情。激情是一种强劲的激动情绪，一种对人、事、物和信仰的强烈情感。

有句话说："一个优秀的员工，最重要的素质不是能力，而是对工作的热情。"的确，一个充满工作热情的人会保持高度的自觉，把全身的每一个细胞都调动起来，驱使自己完成内心渴望达成的目标，如此自然就能克服心理疲倦，尽自己最大的能力做好手头的工作，使未来充满无限可能。

刚转入职业棒球界不久，弗兰克·贝特格就遭到了有生以来最大的打击——他被开除了。老板给他的理由是："你的动作无力、无精打采，看起来疲惫不堪，哪像是一名职业棒球工作人员？我认为你不适合我们这里。"

这是令人沮丧的事情，弗兰克静下心来思考了自己的问题所在，进入纽黑文队时他下定决心要成为最有激情的球员，并且他成功地做到了。一上场，他就像充足了电的勇士在球场上奔来跑去，快速强力地击出高球，他的激情不仅感染了整个球队，还会引爆全场观众的热情。出色的表现让教练赞赏不已，很快，弗兰克的月薪从25美元涨到185美元，还被评选为英格兰最具热情的球员。

从球队退役后，弗兰克转行去做保险推销。最初的十个月非常糟糕，客户总是在他没有把话说完的时候就把他赶走。弗兰克对这份工作失望极了，觉得每一天对他来说都是煎熬，他在考虑是否应该换一份工作。后来，卡耐基先生一语惊人："弗兰克，你推销时的言语一点儿生气也没有，如果换成是我，我也不会买你的保险。"

这是一个重要的忠告，弗兰克想到自己为何业绩不好、身心俱疲了，于是他决定用自己

暖心小语

一个人对于工作的激情有多大，成就就有多大。

打球时的激情来好好推销保险。一天，弗兰克走进一家公司，鼓起自己全部的勇气和热情向负责人推销保险。最终，那位负责人接受了弗兰克的提议，买了一份人寿保险。也是从那天开始，弗兰克成了一个真正的推销员。

后来，弗兰克提及自己推销保险的成功经验时说："在我十几年的推销生涯中，我看到许多有激情的推销员的收入成倍地增加，也看到了很多人因为没有工作的激情而疲惫不堪、一事无成。而我自己差点儿就成了他们中的一员。"

弗兰克·贝特格在事业上有所成就，与其说是取决于他的才能，不如说是取决于他的激情。当你对一份工作产生厌倦心理时，不要盲目地混日子，更不要着急跳槽，不妨像弗兰克那样激发自己体内的激情。

不管你是否意识到，激情是人人都具有的，它深埋在每个人的心灵之中，是人自身潜在的财富，等待着被开发与利用。只要你静下心来调整心态，积极地看待自己的工作，那么你的精神面貌将大不一样。

第四章
盈一眸恬静，自有一片浩渺水域

尘世喧嚣，内心纷扰，不免为俗世所困。守住恬静祥和，尽管世事无常，心都如浩渺的水域波澜不惊。

素心人，心淡恬静

一位哲人曾经说过，干什么事都是耐不住性子、伏不下身子、坐不热凳子，浮躁是死神折磨人生命的伎俩，结果只能是失去自我、本我和真我，迷失人生的方向，在无尽的忙乱中消耗宝贵的生命。

马剑是一位名副其实的高才生，他在某知名大学主修了市场营销课程，又兼修了工程管理课程，可谓是才华出众的"双料学士"。他毕业后，几乎周围所有人都看好他的未来，但事实并非如此。这是怎么一回事呢？原来马剑毕业后走遍了市区的各个招聘会，想找一个中层管理者的职位，但是他又没有工作经验，结果过了一个星期都没有找到合适的工作。看到以前那些不如自己的同学都顺利上班了，他心里不免着急起来。

为了摆脱这个尴尬的局面，马剑不得已先找了一份简单的工作：在一家物流公司担任采购。可是，他总认为自己一个堂堂的本科生做这个工作很屈才，于是在工作中总是抱怨这、抱怨那，工作不到一个月后他就跳槽到一家私企。在这家私企，马剑如愿地做到了市场营销经理的职位，但他还是无法踏踏实实地工作，觉得这里的发展空间太小，于是又跳槽了。就这样，浑浑噩噩了一年，马剑依旧没有找到一份合适的工作。

浮躁的表现形式不同，但其带来的后果一致，即一个人一旦被浮躁控制，不管他的能力有多好，他都很难耐住性子想问题，不能脚踏实地地做事，容易失去对自我的准确定位，东一榔头，西一棒槌，势必为人浅薄。

俗话说，"成以敬业，毁于浮躁"，成功往往不会一蹴而就，而是需要一连串的奋斗。因此，如果你想获得一定的人生成就，想实现人生的价值，就必须克服浮躁的心态，不为繁杂的表象迷惑，不为虚荣的假象蒙蔽。

如何克服浮躁心态呢？静心。浮躁是心气。心不稳、气不沉，受到外界耳濡目染的冲击，内心的"功力"不济、"底气"不足，心就会为外界所影响，漂浮不定、躁动不安，即出现浮躁心理。

暖心小语

浮躁是折磨人生的伎俩。

身处喧嚣的红尘中，我们要经常静心。使自己的心静下来，使心态保持在明澈淡然的境界，真正沉下心来、伏下身子，扎扎实实地干好手头的每一项事情，也就能够保持对工作、对生活的绝对掌控，真正享受人生。

"非淡泊无以明志，非宁静无以致远"。当我们能够静下心来，告别情绪上的浮躁，就会回归平静而真实的内心，就可以不为外界纷争所扰，客观审视自己，确定人生的方向，树立起正确的生活态度。

让浮躁的空气远离我们，返回我们最初的纯真与本性，做一回心淡恬静的"素心人"，走向自由和纯净，走向成熟与平和，从容不迫地看待这个瞬息万变的红尘世界，心平气和地迎接每一轮太阳的升起吧！

枯荣都自在

如何守住心灵的一方净土，使自己的日子过得顺心而滋润呢？我们不妨静下心来，保持一颗平常心。所谓平常心，即对待周围的环境做到"不以物喜，不以己悲"，更要对周围的人与事做到"宠辱不惊，去留无意"，气定心宁、闲庭信步。

药山禅师是一个很了不起的智者，他有两个徒弟，一个是云岩，另一个是道悟。

有一天，药山禅师带着云岩和道悟出远门，行经某处的时候，他见一棵树长得很茂盛，而另一棵树却只剩下枯黄的枝叶，便想借机示教，于是便指着两棵树问道："在你们眼中，哪棵树更好？"

"当然是茂盛的那棵树好了，"云岩抢先作答，"荣代表着欣欣向荣，是生命的象征。"

"枯的好，"道悟争辩道，"枯，万物归天，一切皆空。"

药山禅师听后却笑而不语，这时候，旁边走来一个小沙弥，于是药山禅师又问小沙弥道："这树是荣的好，还是枯的好？"只见小沙弥淡然一笑，回答道："荣的任它荣，枯的任它枯。"

小沙弥的这番回答将他心底的那份从容、淡定、宁静显露无遗。无论外界怎样喧嚣变幻,自己的内心都风平浪静、波澜不惊,这是一种绝佳的禅意姿态。

平常心不是懦夫的自暴自弃,不是无奈地消极逃避,不是对世事的无所追求,而是对人生智慧的提炼、生命境界的觉悟,它能让我们的内心变成一片浩渺的水域,帮我们成为精神的富翁、自由的主人。

能够守着一颗平常心的人,无论他的生活条件如何,无论他是做什么工作的,他都能够在平凡或者不平凡的生活、工作中营造出一份平静和谐,在平淡中享受生活真谛的情趣,找寻到生命最真实的姿态。

弘一法师,俗名李叔同,清光绪年间生于富贵之家,是一位才华横溢的艺术家,是名扬四海的风流才子,集诗词、书画、篆刻、音乐、戏剧、文学等成就于一身,在多个领域中开创了中华灿烂文化之先河,用他的弟子、著名漫画家丰子恺的话说:"文艺的园地,差不多被他走遍了……"

但是,正当李叔同盛名如日中天、正享荣华之时,他却彻底抛却了一切世俗享受,到虎跑寺削发为僧了,自取名法号弘一,落尽繁华,归于岑寂。出家24年,他的被子、衣物等,一直是出家前置办的,补了又补,一把洋伞则用了三十多年。所居寮房,除了一桌、一橱、一床,别无他物;他吃斋甚严,每日早午二餐,过午不食,饭菜极其简单。

弘一法师以教印心、以律严身,内外清净,写出了《四分律戒相表记》、《南山律在家备览略篇》等重要著作。他在宗教界声誉日隆,一步一个脚印地步入了高僧之林,成为誉

暖心小语

无论外界怎样喧嚣变幻,都要保持一颗平常心。

满天下的大师、中国南山律宗第十一代祖师。正因为此，对于李叔同的出家，丰子恺在《我的老师李叔同》一文中曾说："李先生放弃教育与艺术而修佛法，好比出于幽谷、迁于乔木，不是可惜的，正是可庆的。"

前半生享尽了荣华富贵，后半生却剃度为僧。这种变化在常人看来觉得不可思议，甚至在心理上难以承受，而弘一法师却以平常心淡定自然地完成了转化，淡然地享受着"绚烂之极归于平淡"的生活，并获得了人生的极致绚烂。

弘一法师的举动是何其平常而又不寻常啊！当李叔同大师的盛名如日中天、坐拥荣华富贵之时，却削发为僧，落尽繁华，归于岑寂，并且做得认认真真、平心静气。没有一颗对待人生的平常心，能达到这种境界吗？

总之，保持一颗平常心，就能慎物结缘、自甘平淡。面对外界的各种变化，能够做到不惊不惧、不愠不怒、不暴不躁；面对物质的诱惑，心不动、手不痒，于利不趋、于色不近、于失不馁、于得不骄，你的内心就抵达了禅意的境界。

无论外界怎样喧嚣变幻，静下心来，保持一颗平常心，做到不惊不惧、不愠不怒、不暴不躁，内心风平浪静、波澜不惊，这是一种绝佳的禅意姿态，如此，我们将成为精神的富翁、自由的主人。

每一个瞬间都是不可逆转的永恒

不得不承认,当今很多人的内心是喧嚣的,充满了孤独感、压抑感和焦灼感。但这不是因为他们拥有得太少,而是因为他们深陷于流转不停的心念,不是在痴情于过去,就是在规划未来,唯独没有认真专注地感受此时此刻的生活。

著名作家斯宾塞·约翰逊写过一本名为《礼物》的书。

有一个孩子问一位充满智慧的老人:"世界上有最珍贵的礼物吗?"老人回答道:"有!世界上最珍贵的礼物可以让人生获得更多的快乐和成功,可这个礼物只有依靠自己的力量才能找到。"

于是,这个孩子从童年到青年,走遍了千山万水,用尽所有的办法四处找寻这个最珍贵的礼物,可是他越拼命寻找,越感到生活得不快乐,而他生命中那个最珍贵的礼物自始至终都没有出现。

到后来,气急败坏、心生绝望的年轻人决定放弃,不再没有目的地追寻世界上最珍贵的礼物了,而此时他赫然发现,苦苦寻找的东西原来一直在自己的身边,这个人生最好的礼物就是"此刻"。

逝者不可追,来者犹可待。总是沉湎于失去的过去或者将眼光放在可能很美好的未来上,而忽视当前所拥有的此刻,如此我们的心便是浮躁的,很难获得平和与喜悦的感受,更难以触摸到生命的脉动。

天地万物,自然轮回,每一个瞬间都将是不可逆转的永恒,所有的一切是在当下发生的,过去和未来只是一个无意义的时间概念。活在现在这一刻,让自己的心沉淀下来,静静地体会此时此刻,才能获得平和与喜悦。

现在静下心来审视一下自己,看看自己是否切实活在"当下"。上班时,是否挂念着家里的宠物狗有没有吃饭、晚餐的鲈鱼是清蒸还是红烧;晚上躺在床上时,是否因为白天谈判的破裂或实验的失误而辗转反侧……

你可以用一个简单的标准来衡量自己是否活在当下,问问自己:"我正在做的事情是否让我感觉喜悦、安逸和轻松呢?"如果不是,那就表示你当下的时刻被时间遮盖了,生命正处于负累或挣扎状态。

"何必眉不开,烦恼无尽时,一切命安排,当下最悠哉。"这段话说得真是太对了。把注意力聚焦在你的现在,对现在心存一份美好的感恩,生命的喜悦便自然浮现,心如同莲花般安然而又超脱。

暖心小语

繁华喧嚣中,平和最能愉悦心灵。

卢卡今年已经五十多岁了,可是最近他身心备受打击,倒霉的事情接踵而至,妻子刚去世不久,女儿又因难产身亡。一连串的打击让他的心都碎了,他不知道今后的路自己能否坚持走下去,整日郁郁寡欢。

一段时间后,为了生存下去,卢卡打算

重新到外面找一份工作，但是他不停地担心别人嫌他老，担心别人嫌他动作迟缓，担心自己无法承受别人要求的工作强度……这一系列的担心更让他怀念过去，怀念妻子在世的岁月，由怀念而生悲痛，又重新陷入丧女的阴影中不能自拔，结果病倒了。

了解到卢卡的病情和生活情况后，主治医生对卢卡说："你的病情太严重了，需要长期住院治疗。但是你又没钱。我看这样吧，从现在开始，你可以在本院做零工，每天打扫病人的房间，以赚取你的医疗费用。"

卢卡心想，反正没有比这更好的活法了，而且就目前的情况来看，自己似乎根本别无选择。于是，卢卡开始手握扫帚，每天都想着如何做好当天的事情。慢慢地，他不再担心什么，内心也恢复了平静，寂寞、担忧被驱除了，卢卡的身体也好了起来。由于经常接触病人，卢卡对病人的心理也了如指掌，后被院方聘为陪护。贫穷也开始向他挥手告别，他觉得自己新的人生要开始了。

如今的卢卡已经成了该医院的心理咨询师，他的办公室的墙上有这么一句话："过去已经过去，明天尚未到来。只要肯用行动充实生命中的每一个'今天'，勇敢向前，机会就在柳暗花明间。"

时间是由无数个"当下"串联在一起的，每一个瞬间、每一个当下都将成为永恒。所以，认真地去做当下的每一件事，充分地享受每一个真实的刹那，才能获得内心的平静和充实，真切体会到生命的喜悦，抵达和成就未来。

这就像林清玄的《天心月圆》中提到的一句话："昨天的我是今天的我的前世，明天的我就是今天的我的来生。我们已经来不及参加前世了，让它去吧！我们希望有什么样的来生，就先把握今天吧！"

在繁华喧嚣的红尘世界中，你想获得平和与喜悦吗？现在就进入当下的时刻吧。无论身在如何喧嚣的场合，把注意力集中起来，留意此时此地的每一件事物，去享受当下的那份宁静、那份平安。

逝者不可追，来者犹可待。天地万物，自然轮回，每一个瞬间都将是不可逆转的永恒。让自己的心沉淀下来，静静地体会此时此刻，真切地活在现在的每个刹那，生命的喜悦自然浮现。

高处不胜寒

众所周知,"第一"意味着鲜花和掌声,意味着荣誉和尊严。于是,身在喧嚣中的人往往被这些浮华扰乱了心性,把"第一"当成最大的荣耀,惯于为"第一"而奋斗,并为此不断地追赶、奋力地奔跑,不甘落后、不甘平庸。

殊不知,处处争第一,太要强、太功利地竞争,只会让自己的心跟着浮躁起来,显得草率而轻狂。而屡争不得,第一的诱惑总在眼前,身心皆被驱使着,生命可能就会变成劳役,感觉疲惫不堪。

大学同学聚会上,唯独邱楠没有来参加。原来邱楠的女儿高考落榜了,而她本人也因为突发性高血压住进了医院。邱楠十分沮丧地躺在病床上,静静地望着天花板,后悔自己当初为何处处争第一。

在学校的时候,邱楠处处要争第一。为了争得班长的位置,小小年纪的她居然使出浑身解数,四处笼络班里的同学,劝说他们投自己的票,结果还是落选了,为此她大病了一场;她曾发誓自己要嫁的男人一定要是所有女伴男友中最优秀的一个,结果如愿以偿,她好不得意;做了母亲之后,邱楠给女儿报了学习辅导班、美术班、舞蹈班等,她要培养出一个处处都是第一的女儿。结果,高考时,一向成绩优异的女儿居然落榜了。

人生不是竞技，不必与众人争先恐后、日夜兼程，把"撞线"当成最大的光荣。做不了第一，就做快乐的第二。即便能做第一，也不妨学着将自己放在第二的位置上。因为，高处不胜寒，而且当了第一将会尝尽众人之上的滋味，如果日后有所下落，感受的可能就是心理失衡。

更何况，人最大的敌人不是别人，而是自己。每个人都有属于自己的人生，每个人都是和自己赛跑的人，我们没有必要去和别人一比高下，而是要学会和自己争第一，与自己比高下，战胜自己、超越自己。

在人生道路上，不必与众人争先恐后，人生就像一场龟兔赛跑的长跑，不管在赛跑的过程中谁跑得快或慢，不管你是乌龟或是兔子，只要没有到达终点就谁也不知道结局到底是什么，自然也就没有第一而言了。

让心安静一点儿吧，别被那些繁杂的事乱了心性，回头看看从前的自己：你的成绩比从前进步了吗？你的工作比过去更称心吗？你的生活比从前更美好吗？你的身体比过去更健康吗？你的家庭关系比从前更和谐吗？

暖心小语

每个人都是和自己赛跑的人，没有必要去和别人一比高下。

不为外界的人或事所驱使，把注意力集中在自己身上，执着于自己的目标，也不去为暂时的落后自寻烦恼和制造失意，不仅让身体得到休息，更是让心灵得以卸载。你得承认，这是一种美好，而且值得追求。

所以，让狂热的自己静下心来吧，别被这些浮华扰乱了心性，做不了第一，就做快乐的第二。大度一点儿、坦然一点儿，你的心将是一片浩渺的大海，谁又能说这不是美丽的风景呢？

还心灵一片风轻云淡

置身于纷杂喧嚣、充满诱惑的现代生活中，我们会遭遇困境、忌妒、争夺等各种各样的情形，由此也就产生了痛苦、焦虑、抱怨、怀疑等"附属品"。它们像垃圾一样，被丢到每一个人心灵深处的某个角落。

夜深人静，当我们审视自己内心的时候，不得不承认，这些"附属品"总会萦绕于我们脑海之中，腐蚀着心灵，让我们产生一种说不出的抑郁与困扰，让我们如牛反刍，无法自拔。

在某外企就职多年的魏先生最近工作不顺利，在和客户进行谈判时由于手头信息掌握得不够，被竞争对手占了上风，结果受到了主管的严厉批评。他感到主管丝毫没有给自己面子，为此满腹的委屈和气愤。

这段时间以来，魏先生怎么也开心不起来，看什么都觉得烦，又碍于面子而不愿意和别人诉说内心的苦闷。于是，他在家不是抱怨妻子没有处理好家务事，就是指责儿子不好好学习，弄得全家人很不高兴，而魏先生自己的内心更是备受折磨，整晚整晚地睡不好觉，整天唉声叹气、愁眉不展。

你有过与魏先生类似的经历吗？如何摆脱这种困扰呢？答案是及时清扫你的心灵。在这里运用一个形象的比喻，在自己的心灵里建立一个"回收站"，并且时常静下心来及时清空那些消极的情绪，还自己一颗纯净澄澈的心。

众所周知，电脑系统中专门配置了"回收站"，用来收集那些已删除的垃圾文件。回收站要及时清空，才能给原本空间就不富裕的硬盘做一次"瘦身"运动，才能腾出更多的有效空间存储新的、更为有用的信息。

我们心灵的回收站里装载了太多的"垃圾信息"，同样需要经常清空。比如，难过的时候，找个地方畅快淋漓地大哭一场，为不愉快的往事做一次祭奠；气愤的时候，找个没人的地方，把水泥墙当成出气筒踢上两脚、打上两拳；痛苦的时候，狂奔猛跑、振臂高呼，直至耗尽全身力气……

及时清空心灵的"回收站"，清空伤害带来的阴影，扫除恐惧和烦恼的纠缠，不为名利是非所累，不为鸡毛蒜皮所困，我们的身心将获得极致的轻松和清净。

暖心小语

及时清空心灵的垃圾，留出空间去存储快乐。

由于在一家大型的对外贸易公司做高级谈判人员，薇薇不得不整日应对各种各样的唇枪舌剑，运用智谋与人斗智斗勇。但是令人称奇的是，即使和别人大吵一架，第二天薇薇依然能够笑容满面地来上班。

"薇薇，难道你没有受到影响吗？"别人总是这么问。薇薇则微笑着回答："昨天已经过去了，干吗今天还要记得呀。"是薇薇真的健忘吗？不是！她不过是懂得及时清空心灵的"回收站"罢了。

无论是工作中还是家庭里的烦心事及压力，感到太疲惫、太压抑、太困惑时，薇薇都会用自己的方式调整自己。比如，静下心来写一写日记，把自己的情绪发泄到纸张上；或者组织几个姐妹去KTV唱歌，在放声高歌中宣泄自己的情绪。

这种及时清空心灵"回收站"的方式，不但帮助薇薇摆脱了各种不良的情绪，内心拥有了平静如水的力量，而且还陶冶性情、修身养性，令她发现生活的新天地，工作的灵感一次次迸发，令她多次得到老板的表扬。

跳出匆忙喧闹的生活圈子，找个地方安静地坐着或躺着，让心情变得放松，让心灵退入自己的灵魂中，静下心来聆听自己内心最真实的声音。问问自己：我满意现在的生活吗？我为什么感到烦恼？我得到了什么，失去了什么……

沉淀一下，把内心里那些负面的东西找出来，然后发泄出去。这就好比你将无用的文件存到回收站再按下"删除键"，就能够将它们彻底清除掉一样。如此，你会以轻松的心情拥抱生活，发现心灵的天空是那样的风轻云淡。

痛苦、焦虑、抱怨、怀疑等消极情绪像垃圾一样污染着、困扰着我们心灵的净土。若想还自己一颗纯净澄澈的心，我们需要时常静下心来找出困扰内心的因素，然后彻底将它们清除掉。

寂寞何须惧

寂寞从来都是人们谈论的话题，因为太多的人品尝过它的滋味，所以古往今来，有多少文人墨客发过牢骚，斥责寂寞对他们的骚扰，又有多少人不甘寂寞的折磨而书写人生的败笔。

人们为何不甘寂寞呢？答案是他们心无定力。拒绝繁华喧闹的诱惑，接受寂寞的洗礼，需要造诣很高的定力。这像极爱吸食鸦片的人，突然叫他戒毒，需要一定的毅力，也需要恒心，没有定力能成吗？

为了摆脱红尘的繁华浮躁，一个年轻人决定剃度为僧。剃度时，他信誓旦旦地向住持表示自己要皈依佛门，但才念了不到一个月的佛经他就受不了寺院的寂寞，还俗去了。一个月后，他一把鼻涕一把泪地要求重入佛祖门下。住持心生慈悲，就答应了。三个月后，他又嚷嚷说佛门冷清，留不住人，又一次开溜。

年轻人如此闹腾了好几次，住持很是纠结，留与不留都觉得烦恼。后来，他对年轻人说："这样好了，你不如在寺院门口开个茶馆，做个不染红尘的还俗和尚。"年轻人听了很是高兴，便真的在寺院门口开了个茶馆，后来又娶了个老婆，开开心心地生活着。当然，他也没能领会到佛门真经之意境。

这位年轻人总是被红尘的繁华诱惑着，不甘寺院寂寞的折磨，心如此没有定力，怎能静悟佛道的深奥。住持也实在是高明，像这种不甘寂寞、心无定力的人也只能安排他做一些平凡的事情。

在红尘喧嚣、人海沉浮之余，我们要想让心灵趋于宁静、让浮华归于沉寂，就要甘于寂寞。寂寞是对思想的考验，是精神的历程。静中念虑澄澈，见心之真体；闲中气象从容，识心之真机。

铁树沉寂60年方开一次花，昙花积聚一个花期只为数小时的盛放。人的一生之中，真正五彩绚烂的场面是短暂的，更多时候面对的都是平凡普通的生活。但是，只有经受得住寂寞的考验，才会有成功时刻的绚烂。

下面，我们不妨来看一堂成功者的演讲课。

这是一场座无虚席的演说，在人们热切、焦急的等待中，全国著名的推销大师上场了，这是他告别职业生涯的演说。只见他指挥着工作人员搭起了一座高大的铁架，铁架上吊着一个巨大的铁球。接下来他又让工作人员将一个大铁锤放在自己面前。

看到这怪异的一幕，人们很惊奇，不知道他要做什么。

这时，推销大师对观众说："请两位身体强壮的人到台上来，用这个大铁锤去敲打那个吊着的铁球，直到把它荡起来。"很快，有两个年轻人上了台，他们用尽全力去敲打那个铁

暖心小语

如果你是男人，就应是一座山，一座甘于寂寞而又伟岸的山。如果你是女人，就应是一条河，一条甘于寂寞而又温柔的河。

球，累得气喘吁吁，但是铁球纹丝不动。

台下观众的呐喊声渐渐沉寂下去了，他们好像认定这样的敲打是无用的，就等着推销大师来解惑。这时，推销大师拿出一个小锤，对着那个巨大的铁球认真地敲了一下，停顿片刻再敲一下，他就这样持续地做着。

时间一分一秒地过去，10分钟、20分钟……这样单调的声音令人们开始骚动起来，他们希望大师说点儿什么，便用各种方式来发泄自己的不满。但是推销大师好像根本没有听见人们在喊叫什么，仍然一小锤一小锤不停地敲着。

人们开始离去，最后只有少数几个人留了下来。后来留下的人们也喊累了，会场又安静了，只能听到"铛铛"、"铛铛"的声音。又一个20分钟过去了，突然前排的一个人尖叫道："球动了！"

霎时间，人们聚精会神地看着那个铁球。那个巨大的铁球以很难察觉的幅度摆动着，而推销大师仍在继续敲着。终于，铁球在一锤一锤的敲打中越荡越高，它拉动着那个铁架子"咣、咣"作响，在场的每一个人都震撼了。

一阵阵热烈的掌声爆发出来，推销大师收起小锤，说了一句话："你们都想知道我成功的经验，今天我要告诉你们，在成功的道路上，要有足够的耐心去忍受寂寞，等待成功的到来，否则你就只能面对失败。"

在这场别致的演讲中，推销大师为人们上了生动的一课。静下心来，隔绝纷繁，承受寂寞的考验，我们的心灵会沉静似浩渺的水域，我们会变得更加沉稳、睿智，从而获得珍贵的人生宁静。

寂寞不是因为懦弱而躲藏，更不是因为害怕而放弃，而是不被喧嚣俗物所污浊的单纯，更是一种不动声色的蓄势。正如猛兽在捕猎之前都要静悄悄地占据一个有利地形，然后耐心地等待最合适的时机一蹴而就。

飞舞的蝴蝶是美丽的，那种美丽是因为曾经在厚厚的茧壳中，蛹在黑暗与无助的寂寞中默默地挣扎，才会为自己迎来了这份自由灿烂的美丽；鲜艳的花朵是美丽的，那是因为泥土中的种子在寂寞的时光中悄然地舒展着生命，等待着温柔的春风与细雨，使它有了重生的希望。

翻看那些名人的成功史，我们也会发现"古来圣贤皆寂寞"。试想，如果没有不被重用、被贬流放的寂寞，屈原能完成千古绝唱《离骚》吗？如果没有壮志难酬、避世隐居的寂寞，陶渊明能创造"采菊东篱下，悠然见南山"的静谧吗？

留一段云淡风轻的寂寞，不被喧嚣的俗物所污浊，让人生少些浮躁和媚俗，多些平静和安详，始终保持积极向上的心态。"十年面壁"、"十年磨一剑"、"十年寒窗"最后的结果应该是"大彻大悟"、"剑一出鞘，谁与争锋"、"一举成名天下知"。

近年来，李安在影坛获得了不俗的成就，先后两次获得奥斯卡奖、两个威尼斯电影节金狮奖和两个柏林电影节金熊奖，闻名国际影坛。然而，这些耀眼夺目的光环背后，却是一颗寂寞多年的心灵。

1984年，从美国纽约大学毕业后，李安开始了在好莱坞漫长的奔波，却没能找到一份与电影有关的工作，不得不赋闲在家，靠妻子林惠嘉的薪水度日。为了缓解内心的愧疚，他包揽了所有的家务，买菜、做饭、带孩子、打扫屋子等，已过而立之年的李安第一次品尝到寂寞的滋味。

李安的过人之处在于，他很快就意识到寂寞也是磨炼意志的绝佳机会。那段时期，他每天都会阅读大量的书籍，仔细研究好莱坞电影的剧本结构和制作方式，思考如何将中美文化结合到一起，这让他形成了自己的创作风格，而寂寞的锤炼则让他克服了影视界人普遍存在的心浮气躁、好高骛远的缺陷。

六年赋闲的寂寞生活之后，李安开始正式创作剧本，他将中国文化和美国文化有机地结合到了一起，从而创造出了一些全新的作品，而后开始了真正执导电影的生涯，其电影作品广受中美两国人民的喜爱。一点儿也不夸张地说，李安就是一座桥梁，一座使东西方影视文化得到沟通的桥梁。

一个热爱电影事业的电影人不能奋斗在电影行业，却只能待在家里做家务，这是一场令人痛苦的历练，但也正是这六年寂寞的"蛰伏"，使得李安才思泉涌，创作出那么多优秀的电影，人生道路得以闪耀。

冰雪掩梅梅自香，何恐寂寞，终归会有人寻芳而至。而没有底蕴的人，再如何聒噪宣扬，也不会有人问津。做甘于寂寞散发梅香的人，还是聒噪一无是处的人，左右着你将来的命运，你做好选择了吗？

静下心来，远离喧嚣，隔绝纷繁，承受寂寞的考验，我们的心灵会沉静似浩渺的水域，我们会变得更加沉稳、睿智，从而获得人生珍贵的宁静，超凡脱俗的美丽。当然，这需要极大的智慧和定力。

孤独，也挺好的

诚然，人们往往把合群看作一种交际能力，但是独处也是一种能力，并且在一定意义上是比交往更为重要的一种能力。因为一个人如果无法独处，没有一处心灵的世外桃源，人格与思想就无法真正成熟。

看看周围，你就会发现，这样的人大有人在。

"你周末陪我吧，我男朋友出差去了……"彩云又打电话给好朋友小翠了。只要男朋友一出差，她不是叫小翠一起出去吃饭，就是一起娱乐，理由很简单：每当独自在家，她就会莫名地空虚和焦虑。

小翠很讲"义气"，每次都会将自己的事情放下来，满足彩云的意愿。但是这次公司要求每一个人都要加班，她只好拒绝了彩云："我不过去了，你自己看看电影、听听歌不是很好嘛，开心哦。"

无奈地放下了电话后，彩云躺在床上，呆呆地盯着天花板，无聊得要命，"该干点儿什么好呢？""数数吧，1、2、3……"她感觉自己被全世界抛弃了，委屈的眼泪吧嗒吧嗒地掉了下来。

世界太拥挤，生活中总充斥着太多的枷锁。独处并不是非要远离纷繁的市井，走向田园牧歌式的乡村，而是闹中取静，身处喧嚣而不慕繁华，在红尘但不陷烟云，居短巷却怡然自得，置陋室却心房飘香。

中国的古人深谙此道。明人洪应明就曾提到自己在夜深人静的时候，经常独自一人静静地坐下。他说，在这种静思中省视内心，能够感知真我，世界上的一切烦恼、俗念、丑恶都会渐渐消去，进而感悟到人生的真谛。

的确，独处不但可以让我们从繁杂的外部环境、纷扰的人事中抽身而出，回归自我的状态，还可以让我们，静静地聆听自己内心最真实的声音，平和地体验与理解自我，活出最真实的自己。

正所谓宁静以致远，在繁忙、琐碎、浮躁的时代，独处能留给自己一片安宁的晴空，留给自己一隅思索的空间，让自己成熟和理智，让自己释放和释然，独处如此美妙珍贵，聪明的你怎么可以放弃这样的优待？

在竞争激烈的现代社会，很多人忙忙碌碌，几乎没有一分钟是清静、清闲的，独处就显得更加重要了。每天为自己留出十分钟，这个时间不是很短，也不是太长，我们能够承受得起，也能够消受得起。

不管外在的世界如何喧闹，每天为自己留出十分钟，让自己有一片清静的天地，使心灵更加畅快愉悦地呼吸吧！至于在这个时间段干什么，倒是没有必要跟别人去学，自己随意支配，让身心放松、默默地冥想，或者什么也不想；阅读一本书、看一场电影；整理一下衣橱，或者做一次房间兼空间的大扫除……

暖心小语

在独处中安然享受快乐的时光，你能遇见真实的自己。

无论身在如何的繁华喧闹之中，如果你能够安然享受独处的时光，回归真实自我的状态，那么你就挣脱了所有的束缚，散发出一抹散不去的生命馨香。

第五章
揽一缕惠风，自有一园柳翠桃红

> 我们都是凡尘俗子，都有七情六欲，不免冲动于心。冲动时，不妨多绕几个弯，惠风入心，情绪自会舒缓，你会看到一片柳翠桃红。

心不静，纷争生

当生活中出现了失误或者事情进展不顺利的时候，很多人出于一种"自我保护"意识，往往会冲动地把过错归于环境和别人，却很少从自己身上找原因，结果弄得心力交瘁、精疲力竭，不知道自己应该要归向何处。

下面是一个经典的小故事，名为《蜘蛛的启示：到底是谁在打扰你》。

有个小和尚学习入定，可是每当入定未久，就感到有只大蜘蛛钻出来捣乱，他用力地挥了挥手，企图驱赶大蜘蛛，未果。于是，他便报告师父："我一心想好好入定，但是寺庙的环境很不清净，有一只大蜘蛛老是打扰我，赶也赶不走。"

"有蜘蛛干扰自然难以好好入定，不过以前倒是没有人反映过这个问题，"师父想了一会儿，"下次入定时，你就拿支笔在手里，如果大蜘蛛再出来捣乱，你就在它的肚皮上画个圈，我们将它找出来。"

听了师父的话，小和尚准备了一支笔。

再一次入定时，大蜘蛛果然又出现了。小和尚见状，毫不客气，拿起笔来就在蜘蛛的肚皮上画了个圈圈作为标志。谁知刚一画好，大蜘蛛就销声匿迹了。没有了大蜘蛛，小和尚就可以安然入定，再无困扰了。

过了好长一段时间，小和尚出定后一看才发现，画在大蜘蛛肚皮上的那个圈记就赫然在自己的肚脐眼周围。这时，小和尚才悟到，入定时的那个"破坏分子"大蜘蛛，不是来自外界，而是缘自自己的心不静。

入定时有一只大蜘蛛钻出来捣乱，小和尚以为是寺院的环境不清净，结果在师父的指点下，才知道蜘蛛是自己心中所念，一切皆因为自己的心不静。

所以，当生活中出现某些不愉快的问题时，不要第一时间冲动地指责或抱怨别人，让自己的心安静下来，多从自己身上找原因，或许能更快地找到问题的根源。很多事情也许就变得更加容易解决，与他人也就更容易相处了。

暖心小语

打扰你的，是你自己，而不是别人。

一位女士多年来总是嘲笑对面的女邻居懒惰："那个女人的衣服永远洗不干净。看，她晾在院子里的衣服总是有斑点。我真的不知道她为何每次洗衣服都洗成那个样子……"为此，爱干净的她不曾与邻居来往。

一天，她的朋友来她家做客，听见她在嘲

笑对面的女士，就仔细地观察起来。结果细心的朋友发现了问题所在，于是拿起一块抹布，把玻璃上的污迹擦净，然后说："你看看对面的衣服还脏吗？"

原来不是女邻居没有洗干净衣服，而是这位女士自己家的玻璃窗脏了。女士多年的心结打开了，再见到女邻居的时候她友好地朝对方笑了笑，两人很自然地聊到了一起，还成为一对难得的好朋友。

生活中我们会经常提醒别人：擦亮你的窗户。而我们也更应该静下心来常问问自己：自己的窗户擦亮了吗？不要冲动地将错误归咎给别人，检讨自己要容易得多，如此就不会有愤世嫉俗、鲁莽行事的愚蠢行为了。

的确，凡事找自己的原因，你就不会冲动地气别人、怪别人、恨别人，可以让自己沉着冷静地去解决问题，心平气和了，就不会引发纷争、激化矛盾，这样你与任何人都不会产生纠纷，生活也就少些不必要的怨恨。

我们再来看一个故事。

方佳是个"80后"的时尚女生，热情开朗，和大多数同事相处融洽，唯独对一个年长几岁的男同事能不搭理就不搭理。在方佳眼里，这位男同事就是一个"工作狂"，好像他是全世界最勤奋的人一样，害得别人都成了陪衬。

不久前，公司有项工作任务非常紧急，老板安排方佳和这个"冤家"合力完成。果然不出所料，这位男同事天天早出晚归加班加点，这让方佳很是受不了。为了顺利地完成工作，她努力调整自己的情绪：或许问题出在我身上，是不是我工作态度太过散漫了，是不是我对工作没有多大要求……

于是，方佳也开始跟着这位男同事努力工作，还主动承担了一些较为复杂的工作。结果，两人的工作进度非常神速，还在例会上得到了老板的特意表扬。事后，方佳感慨道："要不是因为他事事争先，我们的工作进度肯定就没有那么神速。现在我才知道他工作卖力是因为他有上进心，这点很值得我学习。"

方佳调整自己的情绪，检讨自己的工作态度，最终认识到自己太过散漫、没有上进心，认识到这一点，她对"冤家"的态度自然就发生了变化，合力顺利地完成了公司的任务。试想，如果她冲动地指责"冤家"，工作肯定很难完成，又何谈受到老板的表扬呢？

多从自己身上找原因，检查自己说过的话、做过的事，看看自己的所作所为有没有需要改进的地方，只有这样，我们才能不冲动地将错误归于环境或他人，才能让自己少犯错误，更加进步。

多绕几个弯

也许让你冲动的是一件很小的事情，但是当你不经过大脑说出气话来时，一件几乎可以忽视的事情就会立刻发展为一件不可忽视的大事，犯下不可挽回的错误，只会给你的人生增加不必要的矛盾和怨恨。

科里奥拉努斯是古罗马的战神，是一个战场上的常胜将军，但是这个将军却因为自己在情绪冲动之下说了一些不经大脑的话，最终遭到了古罗马人民的不满和厌恶，还差一点儿因此丢了性命。

为了提升自己的威望，科里奥拉努斯决定竞选最高层的执政官。人们感动于他为国家和人民所立下的汗马功劳，纷纷表示愿意投他一票。可是在发表演讲的时候，为了讨好支持自己的富人，科里奥拉努斯抨击了当时的人民民主。平民们愤怒了，他们纷纷改变了自己的投票意愿，科里奥拉努斯竞选失败了。

这个常胜将军当然不能容忍自己的失败，当他知道自己落选的时候，冲动蒙蔽了他的心智，他一心一意想要报复那些反对他的平民。当针对一批运抵罗马的食物是否发放给平民进行投票的时候，科里奥拉努斯投了决定性的反对票，最终使得议题没有通过。

于是，平民们彻底被激怒了，要求科里奥拉努斯必须公开道歉。迫于社会的压力，科里奥拉努斯答应公开道歉，但是在道歉的过程中，他根本不能控制自己的情绪，说话越来越粗鲁，最后甚至痛声斥骂民众，而且越骂声调越高。

科里奥拉努斯说得越多，平民们就越愤怒，大声的抗议中断了发言，代表平民的护民官决定判处科里奥拉努斯死刑。虽然最终在贵族的努力下，科里奥拉努斯得以活命，但是他仍旧被判终生放逐。

如果科里奥拉努斯不那么冲动，如果他在冲动的时候不说那些冒犯平民的话，他就不会竞选失败，而且还会重获平民的支持，甚至还有机会被推举为执政官。然而，可惜的是，他无法控制自己的情绪，说话不经过大脑，最终自食恶果。

话语是即时性的，所谓"覆水难收"。一时冲动、不经考虑、脱口而出的话语，有时表达的根本不是自己的本意，却被人误解，给人留下很不好的印象，造成无法挽回的伤害，即使事后万般解释，也难以完全挽回影响。

因此，我们在交往中一定要懂得在冲动时静下心来，什么话能说，什么话不能说，都要在脑子里多绕几个弯子，这样就可以避免犯下不可挽回的错误，也就大大增加了彼此间谈话的融洽感，更利于与别人和谐相处。

暖心小语

说话经大脑，人缘才会好。

一位女作家写了一部言情小说，很受人们的喜爱，所以她的新书发布会受到了很多人的追捧。但在发布会的台下，一个男人阴阳怪气地问道："你的作品写得真好，不过，请问是谁帮你写的呢？"

很明显，这个不友好甚至无礼的家伙是故意来闹事的。发布会的气氛顿时变得紧张起来，所有声音突然消失，有的读者面面相觑，场面很尴尬，大家都不知道接下来会发生一场什么样的事情。

当时，女作家第一秒想到的是回击对方"你是什么人，凭什么这么诬陷我"，但是她提醒自己千万不要冲动，否则就有可能导致发布会进行不下去，还会给读者们留下不好的印象。她深深地呼吸了一下，面带微笑，礼貌地回答这个人说："很高兴你能喜欢我的这本拙作，谢谢你的夸奖，不过请问，是谁帮你看的呢？"

女作家的反问让那个人哑口无言，灰溜溜地逃走了，台下传来一片掌声。

一个作家被人讥讽不会写作，怎么说都是一件令人无法忍受的事情。在这冲突一触即发的关键时刻，女作家让自己保持了冷静，没有恶语相向，而是巧妙地回敬对方不会读小说，令人拍手叫绝。

美国艺术家安迪渥荷曾经告诉他的朋友："我自从学会适当地闭上嘴巴后，获得了更多的威望和影响力。"在实际生活中，我们要想让生活少些不必要的怨悔，就要时刻记住"祸从口出"，冲动时让自己冷静下来，说话之前在脑子里多绕几个弯子，坚决不说会伤和气的话，能说的话也要温和地说。

"你真是笨"、"你为什么要这么做"、"你让我很丢脸"等，是我们最经常说的气话。试想，当有人对你说以上那些话语时，你是什么感觉？无疑，你当然不会感觉舒服，对他的好感也会大打折扣。

有时候，尽管你是真的很不高兴，仍要学着让自己的心冷静一下，尝试着换一种口气，比如"虽然你做得不是很好，但比上次进步多了"、"你没有想过换一种方法或许会更好"等，这样的话语让对方就感觉舒服多了，更容易令人接受。

当一个想法、一种认识初入我们大脑中时，先静下心，然后冷静、客观和全面地去分析，适时权衡利弊，因人、因地、因时地去考虑，这是需要有日积月累的经验的。不过，多点儿心思，少点儿麻烦，还是很值得的，难道不是吗？

祸从口出，不经过大脑说出的气话，很容易会犯下不可挽回的错误，给人生增加不必要的矛盾和怨恨。情绪冲动的时候，学着让自己的心冷静一下，说话之前在脑子里多绕几个弯，结果将大不一样。

搬走"抱怨"这个绊脚石

被领导批评了、工作压力大了、工资低了、物价又上涨了……在我们的生活中，总能听到这样或那样的抱怨。可是，抱怨能解决问题吗？抱怨能使你摆脱现状吗？抱怨只会令你的心情愈加糟糕、鲁莽冲动。

生活中有很多原本老实本分的普通人，只因不能克制抱怨心理，结果把抱怨变成了冲动的念头，让冲动的心魔占据了整个心灵，结果让一些鸡毛蒜皮的小事毁掉了自己的生活，留下无限的怨恨。

我们来看一个典型案例。

苏姗是一个公司的白领，她总是有很多的牢骚，不是抱怨这个，就是抱怨那个："凭什么小张接的都是轻松的活儿，我手上的客户就那么难缠？""公司的破电脑又死机了，这样的工作环境太令人懊恼了。""给那么短的时间完成一份客户反馈报告，我今晚肯定没得睡，真烦人。"

苏姗爱抱怨，在公司里众所周知，就连总经理都知道了。没有哪位老板想用老抱怨的员工，总经理之所以不动声色，是因为苏姗的工作能力还不赖，但是三年来他从来没有提拔过苏姗，工资水平几乎原封不动。

如此一来，苏姗的不满情绪加重了，变本加厉，每天唠叨个不停："老板可小气了，用人特别狠，他想用最少的钱让我干最多的活。哼，我才没有那么傻呢。"于是，她开始不认真工作了，结果屡出差错，惨遭开除。

由此可见，对周围的一切抱怨不止，却极少静下心来反省自己，内心被不满、不平等情绪占据，只会导致自己的性格、脾气变得古怪、偏激，有时稍微受到外界刺激便不能容忍，冲动的"心魔"就被唤醒了。而一个心智急躁的人，又怎可能看清眼前的一切，怎可能理智地对待周围的人和事？

有一本名叫《通向成功生活的道路》的励志书，作者在书中写了这样一段令人印象深刻的话："生活中常见的一些绊脚石，是我们不知不觉间给自己树立起来的，那就是我们一而再，再而三地抱怨。"

克制住冲动的情绪，其前提便是不抱怨。停止你的抱怨，让内心安静下来，唯有如此你才能去除内心的不满、不平等情绪，才能以客观和冷静的头脑分析当前的情况和原因，然后找到摆脱困境的方法。一切尽在掌握之中，内心安然平和，冲动的"心魔"自然便不能嚣张行事，甚至无所遁形。

暖心小语

生活中的一些绊脚石，是我们再三的抱怨。

大学毕业后，肖强没有找到合适的工作，暂且在一家保险公司当了业务员。刚到公司上班，肖强就发现公司里大部分人对本职工作不认真，他们不是抱怨工作难做，就是抱怨待遇太低，有的还抱怨客户太无理……

的确，这是一份让人很头痛、很难做的工作，肖强的工作开展起来也很困难。第一个月他拿到的只是最基本的底薪。虽然工资低、职位低，但他知道抱怨不能解决任何问题，再难也要上。

怎么样做才能让人们愿意接受保险业务员呢？经过一段思考后，肖强确定了工作路线，接着他一头扎进工作中，更加努力地工作。为此，肖强还在社区里举办了一场场"保险小常识"讲座，免费为社区居民讲解保险方面的常识。

渐渐地，社区居民们对保险产生了兴趣，肖强接下来的工作进行得顺利多了，业绩突飞猛进，很快便受到经理的重用。时间一长，肖强成了公司里的"顶梁柱"，而其他同事还在抱怨，还在原地踏步。

正是由于肖强没有一味地去抱怨，去发泄内心的不满，才没有冲动地行事和敷衍工作，或者立马走人，而且他还找到了开展工作的新方法，依靠自己的努力改变了现状，赢得了公司领导的赏识，获得了更多发展的机会。

在人生的道路上，有阳光，也有阴霾；有平坦，也有坎坷；有畅通，也有荆棘。既然你已经明白了抱怨只会使你变成不够理智的人，那么就停止那些没有意义、没有必要的抱怨，催眠冲动的"心魔"，让心如止水吧。

抱怨只会使我们变成不理智的人，克制住冲动的情绪，其前提便是不抱怨。停止那些没有意义、没有必要的抱怨，让内心安静下来，唯有如此，我们才能保持清醒的头脑和理智，将人生主导权掌握在自己手中。

且饶人

俗话说："有理走遍天下，无理寸步难行。"没理的时候，人通常能够静下心为人处世，但在别人理亏的时候，却容易冲动地与别人一争高下，非要让对方承认自己的错误，或者非要逼得对方无路可退才善罢甘休。

殊不知，得饶人处不饶人，往往会在无形之间打乱自己的心灵节奏，给周围的人带来很大的压力，破坏彼此的良好人际关系，为自己设置许多障碍，最终使自己走向孤立无援的地步，使生活各方面陷于窘迫。

刘珊是一个开朗活泼、直来直去的女人，她这种性格本是很受欢迎的，尤其是在竞争激烈的职场，但是她却容易情绪冲动，尤其是自己有理的时候，非要和别人争出个一二三来，得饶人处不饶人。

有一次，刘珊被经理安排到外面做事情，文秘小红不知情，给刘珊记了请假，结果月底的时候扣发了工资。刘珊非常气愤，理直气壮地去找小红理论，说："嘿，你对工作怎么这么不负责，我什么时候请假了？"

小红去询问了经理，才知道自己搞错了，但是她心想：即使是我发错了工资，你也应该好好说，怎么可以这么出言不逊呢？于是，不禁抱怨道："这事也不能全怪我，当初你外出时没说是公务，我怎么知道，你也有责任。"

"什么？我的错？是你自己的工作没有做好，你怎么又怨起我来了？"刘珊仗着自己有理，不依不饶，大声嚷道，"我们市场部可是公司的前线部门，难道人人都要向你这么一个打杂的俯首称臣不成？不知道天高地厚！"

在大庭广众之下，被人如此痛骂，谁受得了？"呜呜……"小红又恼又羞，趴在办公桌上哭了起来。此时，几乎所有的同事都开始指责刘珊："不就是错发了工资嘛，你这么冲动做什么。""文秘每天也要做好多工作的，难免会有出错的时候，你跟人家好好说嘛……"

"我……"刘珊不明白了，本来自己是"受害者"，怎么现在倒成了众矢之的。

在这件事情上，刘珊被扣发了工资，开始的时候她是有理的，但是她横加抱怨、责骂小红、出言不逊，这就显得有些不合情理了，只会在别人心里留下过于冲动、不可理喻的印象，破坏自己的人际关系，得不偿失。

在有理的时候，你是无敌的，但是也要学会得饶人处且饶人、有理也要让三分。因为有理并不在于声音的大小，也不在于言辞是否犀利，而是在于人心。谁对谁错、谁是谁非，别人心里自然会有分晓，这就是大家常说的"公道自在人心"。

当自己占理的时候，学着让心静下来，相信公道自在人心，尽量用温和代替冲动，做到言行温文尔雅，得饶人处且饶人。这是有百利而无一害的，如此，你不仅会拥有平和宁静的内心世界，而且能够理智地、科学地处理好事情，令生活少些不必要的怨悔，最主要的是你

暖心小语

冲动时静下来，公道自在人心。

给众人留下的必将是优雅大度、正直善良的好印象。

在一条大街上，有一个古朴典雅的餐厅。虽然餐厅的地点较为偏僻，但餐厅的生意却很是兴隆，每天来喝茶的顾客特别多。餐厅的一个服务小姐对顾客和颜悦色，说话轻声细气。

"小姐！你过来！你过来！"突然有一位顾客高声喊着，他指着自己面前的杯子，满脸寒霜地说："看看！你们的牛奶居然是坏的，把我的一杯红茶都糟蹋了！哎呀，真是的，你们这是什么茶馆呀。"

服务小姐愣了一下，随即微笑着说："真对不起，我帮您换一下。"

很快，服务小姐就把红茶和牛奶端了过来，杯子和碟子跟上一次的是一模一样的，放着新鲜的牛奶和柠檬。她轻声地说："先生，我能不能给您提个建议，柠檬和牛奶不要放在一起，因为牛奶如果遇到柠檬很可能会造成牛奶结块。"

此时，顾客的脸唰地一下就红了，他匆匆喝完那杯茶就走了出去。这时候，其他的客人问那位服务小姐："明明是他不懂，你为什么不直接和他说呢？他那么粗鲁地对你，为什么你还和颜悦色呢？"

小姐轻轻地笑了笑，回答道："正是因为他粗鲁，所以我才要用婉转的方式，因为道理一说就明白，又何必得理不饶人呢。理不直的人，常常用气壮来压人。有理的人，就要用和气来交朋友。"

听罢，在座的所有顾客都笑着点了点头，对这家餐厅又增加了几分好感，从此，这家餐厅的生意越来越红火，不是因为他们的餐点有多好，也不是因为餐厅的规模有多大，而是因为餐厅的服务态度好，让人觉得舒服。

正是由于服务小姐没有对顾客的无理取闹还以颜色，而是懂得有理让三分，面带微笑为顾客服务，用委婉的语气告诉顾客事实的真相，保留住了顾客的尊严，令其他的顾客们深受感动，才愿意光临这家餐厅。

试想，如果该服务小姐仗着自己有理，冲动地与顾客争辩，直截了当地指出顾客的错误，那么她只会给其他顾客留下肤浅、粗俗、愚蠢的印象，还有谁愿意光顾她的餐厅呢？相信她事后也会为自己的冲动而悔恨不已。

公道自在人心，冲动时静下心来，得饶人处且饶人，以这样的健康心态处理事情，不但可以得到一个满意的结果，而且能够赢得别人的尊重，也许还会有意外的收获，令我们不会受到损失。

学着让心静下来，相信公道自在人心，用温和代替冲动，做到言行温文尔雅，有理也要让三分，得饶人处且饶人，如此，你不仅会拥有平和宁静的内心世界，而且能够理智地、科学地处理好事情，这种效果比争辩的方式好得多。

天才,无非是长久地忍耐

《动物世界》里曾经讲过这样一个故事。

海滩上有两种蓝甲蟹,一种脾气冲动、争强好胜,总是会和身边的蓝甲蟹发生冲突;而另一种则极其能忍,不管遇到什么样的挑衅,它们都像死了一样躺在沙滩上,任凭对方蹿上跳下却一动不动。

经过千百年的演变,人们发现,那种凶猛的蓝甲蟹在不断地冲突厮杀中,数量越来越少,几近灭绝;而那些总是躲起来,不和他人正面冲突的蓝甲蟹不但没有遭遇灭顶之灾,而且繁殖得越来越旺盛。

生活中总会遇到不顺心的事情,如果我们像那种凶猛的蓝甲蟹一样非要和别人厮杀一番,结局很可能就是两败俱伤。而适当地忍耐一下,控制自己的所作所为,往往就能春风化细雨,一切回归风平浪静。

人生在世常常需要忍耐。因为人不是万能的,总有好多事情自己没能力解决而无可奈何,一时冲动、意气用事会错失良机。暂时地忍辱负重,可能是解决问题的最好方法,生活也将少些不必要的怨悔。

很显然,忍让并不是懦弱地忍气吞声,不是无原则地退让、放弃,而是对己的克制和约束以及更深远的考量与权衡。"君子所取者远,则必有所持;

所就者大，则必有所忍"。

　　一时的冲动往往会让人后悔，冲动是我们最大的敌人。当你因为某些人和事而情绪冲动时，一定要努力让自己静下心来，学着忍耐一点儿，降低过激情绪的干扰，才能避免一时的舒心后用无尽的悔恨挥霍人生。

　　忍耐是意志的磨炼，是爆发力的积蓄，是后发制胜的武器。人应该学会在忍耐中锲而不舍地追求，在忍耐中深刻地感悟人生，品尝先苦后甜的味道。正如福楼拜给莫泊桑的赠言："天才，无非是长久地忍耐！"

　　很多人之所以能够与普通人相区别，并不在于他们比一般人成功，或者比别人更有能力，而在于他们知道忍耐的智慧，能够控制自己在冲动下的所作所为，不会让自己做出终生遗憾的事情。

　　刚进入一家很有名气的广告公司时，彭宇发现大学里学到的东西在实际应用中并不够用也不管用，致使工作效率很低，出错率很高，结果经常受到老板的大声训斥，而且丝毫不给自己面子。

　　朋友们得知情况后，纷纷劝说彭宇干脆辞职换一家公司，毕竟那个老板要求苛刻、脾气暴躁。但是彭宇却很不认同他们的说法，他觉得自己不能年轻气盛，受到一点点责备和委屈就想不开、闹情绪、撂挑子。

　　在那段时间，彭宇坚持努力做好自己的工作。慢慢地，他遭老板训斥的次数越来越少了。两三年过后，彭宇对于展览、策划、文案、平面设计等都很有一套，并获奖无数，成了广告公司的台柱和招牌。老板对他变得跟换了个人似的，非但不再

暖心小语

忍耐一下，就能春风化雨。

说一句重话，还赞赏有加，并提拔他为主管。

对于自己的成功，彭宇解释道："头三年学艺未精，看老板脸色并不丢脸，千万不要受点儿委屈就冲动做事，否则一生都要看别人脸色。心静一点儿、忍耐一点儿，沉得住气，才能在工作实践中培养自己的本事，最终老板会对你刮目相看。"

由此可见，忍耐不是懦弱，而是一种自我控制的能力，一种审时度势的智慧，一剂保全自己的良方，一种主动收缩的调整，一种以退为进的策略，从而让人生不断蜕变。既然如此，我们何乐而不为呢？

需要注意的是，忍耐之前要理智地区分什么重要，什么不重要；什么是原则问题，什么是非原则问题；什么必须现在解决，什么可以暂缓解决。不分主次、没有限度，忍耐就变成了懦弱，实不足取，也容易导致心理压力。

一时的冲动只会犯下错误，留下无尽的悔恨挥霍人生。学着忍耐一点儿，降低过激情绪的干扰，审时度势、磨炼意志，才能更深远地考量与权衡，才能避免生活中不必要的怨悔，品尝到先苦后甜的味道。

吃"亏"吃出"福"

在现实生活中，总是有些人不肯吃一点儿亏，一旦吃了诸多芝麻小亏的时候，就情绪过于激动，轻则破口大骂，重则大打出手，将事情弄得不可收拾，让与其共事的人怨声载道，失去人心，搞得自己也心境不宁，这是一件多么可悲的事情。

下面，我们来看一个例子。

卡米尔是一家汽车公司的网络编辑，她最害怕的就是吃亏，尤其是在工作上，做完自己的工作后，宁可坐着歇着也不肯帮帮周围忙得晕头转向的同事们，下班比谁都走得早，这让同事们很不喜欢她。

有一天下午，公司要急发通告信给所有的营业处，而公司的文员又请假，所以办公室主任抽调了一些员工协助，卡米尔就在此列。卡米尔对此很不以为然，认为这不是自己的工作，做了岂不是吃亏了？于是她便不高兴地说："凭什么要我去？再说了，我到公司来不是做套信封工作的，我不做。"

结果，主任以不遵从领导安排的理由要罚卡米尔50元，以示警告。卡米尔哪能吃得了这种亏，便气势汹汹地和主任理论，说："嘿，你凭什么罚我？你是不是平时看我不顺眼呀，你要是看我不顺眼就直说。"

主任一听，气不打一处来，很认真地说："既然帮同事做一些事情、帮公司处理一些事务你会觉得自己吃亏，那么请你另谋高就吧，我们这里不欢迎你！我想，经理也会赞同我的说法。"就这样，卡米尔失去了工作。

由此可见，只要一见到好处就巴不得全揽到自己身上，一见到坏处就恨不得推给别人，吃了一点儿亏就丢掉了心平气和的姿态，冲动做事，沉陷在与人是非争斗、斤斤计较之中，往往会因小失大。

既然如此，吃亏时我们要努力让自己的心静下来，努力克制自己睚眦必报的冲动，把眼光放长远一些，暂时吃一点儿亏。吃亏不仅是一种聪明睿智的人生智慧，更是一种坦荡自若的做人方式。

清代著名的书画家郑板桥在写过"难得糊涂"之后又写了一个著名的字幅就是"吃亏是福"。吃亏怎么就"吃"出福气了呢？这是因为，不能吃亏的人过于精明、锱铢必较，这种心理会束缚他们的心灵自由；而吃亏则换来的是心灵的平和与宁静，还可以轻松地化解人际间的摩擦和矛盾，让生活少些不必要的怨悔，这无疑是人生的幸福。

在现代社会巨大的竞争压力下，吃亏更是一种难得的境界，几乎所有的领导都喜欢办事得力、不计较个人得失的部下。要取得领导的信任，吃亏有时是无法避免的，这时候我们一定要静下心来，甘于吃亏，切勿冲动做事。

暖心小语

肯吃亏，会吃亏，人生就在一次又一次洒脱的转身中，舞出精彩。

在不知情者眼里，艾森是一个幸运的人。要不然，她学历一般，能力也不出类拔萃，怎么能在短短三年时间里从人事部文员升到经理助理的位置，一路绿灯呢。只有艾森自己清楚，她的成绩完全是吃亏得来的。

刚进这家公司时，只有大专毕业文凭的艾森是一个不起眼的人事文员。在这个部门，学历高、能力强的人才层出不穷，艾森自知自己没有什么优势，只有比别人更勤奋，因此，她不仅努力做好自己的工作，还尽可能帮公司多做一些事情。

一次，办公室主任请病假，留下许多需要紧急处理的工作，经理要求人事部暂时接管主任的工作。从事这项工作要付出比平时更多的时间和精力，更关键的是没有工作报酬。人事部没有人肯吃这个亏，都以手头工作很忙为由委婉地推辞掉了，经理只好将这个"烫手山芋"扔给了艾森。

"为什么偏偏是我？就因为我是新人吗？"艾森觉得很委屈，也想像别人一样推辞，甚至想立马辞职，但是理智战胜了冲动，"同时处理好两份繁重的工作，虽然自己会吃一些亏，但这未尝不是一次很好的锻炼。"接着，她认真地思考怎样提高工作效率，并很快制定了方案，最后成功地完成了任务，令领导极为满意。一年后，经理提拔艾森为经理助理，因为经理知道艾森这样的人担得起重任。

初入职场的艾森接到了"烫手山芋"，她情绪激动是人之常情，但幸好，她以理智控制住了冲动，心平气和地承担起了更多的工作，这样看起来她是吃亏了，但是她却学到了全面的技术和更多的经验，而且还赢得了领导的信任和欣赏，愿意把升职加薪的机会给她，最终转"亏"为"福"。

人都是将心比心的，坦然地面对吃亏，审时度势地大气，换来别人的尊敬和拥护，如此一来，你做什么事情都不再会是难事！更何况，一个人的幸福与否，往往取决于他的心境如何。如果我们用外在的东西换来了心灵上的平和，那无疑是获得了人生的大福气，这便是值得的。

吃亏的时候不冲动，多一份坦然、多一份豁达，肯吃亏、会吃亏，如此便涤荡了心灵，从而有了一个潇洒的转身，而人生就是在这样一次又一次洒脱地转身中，舞动出了一首精彩的华尔兹。

留一条退路，也会海阔天空

凡事要留有余地，给自己留条退路，就是给自己设计好出路。

俗语说"三思而后行"，这是告示我们，人生在世，做任何事之前都要认真地考虑一番。因为习惯冲动做事、孤注一掷的人，在意外之事发生时，往往会输得很惨、跌得很重，给生活增添无限的怨悔。

在美国西部掀起淘金热的时候，田纳西州的一位来自秘鲁的移民也蠢蠢欲动了。他心想：到了西部，等自己挖到了大把大把的金子，就可以住富丽堂皇的别墅，品尝天下的山珍海味。他被这种幻想冲昏了头脑，当即决定变卖所有的家产西迁。

"哦，你真的要变卖这里所有的东西吗？包括你的房子、你的山林吗？"朋友们认为他的做法有些不妥，纷纷对他提出建议，"不要这么冲动，你带上足够的资金不就可以了吗？给自己留条后路，万一你找不到那么多金子呢？"

"不，我一定会成为大富翁的。"这个秘鲁人变卖了所有的家产西迁，在西部买了80公顷的土地进行开采，希望能够找到金子。结果，他一连干了五年，不仅没有找到任何东西，最后连家底都折腾光了，不得不又重返田纳西州。

当这个可怜的秘鲁人回到故地后,居然发现那里机器轰鸣、工棚林立,原来,被他卖掉的那个山林就是一座金矿,新主人正在挖山炼金。至今,这座金矿仍在开采,它就是美国著名的门罗金矿。

想到自己孤注一掷地丢掉了属于自己所有的东西,不仅令自己一无所有,居然还失去了一座金矿。秘鲁人后悔自己当初的冲动,但是又能怎么办呢?悔之已晚,他终日以泪洗面,郁郁寡欢,潦倒余生。

孤注一掷地丢掉属于自己的东西,很有可能会失去一座金矿。无论是在什么情况下,无论对事情有多大的把握,我们也不要冲动地做事,要静下心来,想到"最可能的极端的失败",要想到失败后,自己是否还有退路可走。

也许有人会提出反驳:冲动一些未尝不可,没有退路更容易成功。西楚霸王项羽做事一向冲动,从来不给自己留后路,当年取得了巨鹿之战的伟大胜利,不就是因为破釜沉舟、一鼓作气吗?

诚然,不留后路有着置之死地而后生的力量,但是以"赌博"的心态押上自己的所有,以致日夜忐忑不安、夜不能眠,何来幸福?而冷静地思考一番,给自己留条后路,回旋的余地很大,相对而言心境就趋于愉悦与平稳。让自己轻装上阵,成功的概率也会更大,实在无奈失败,也会"海阔天空"。

暖心小语

没有想好退路就匆忙上路的人,往往会铩羽而归。

维妮从小就爱好文学,她一直想成为一名作家。大学毕业后,她如愿进入了一家图书出版公司当起了合同制作家。当时,她冷静地做了一番打算，那就是万一作家当砸了，出来当个职业撰稿人也不错。

因为有了这条"退路"，工作对于维妮没有特别大的压力，她每天都能以愉快的心情面对工作中的事务。就这样，她在这家公司一干就是三年。直到后来，公司进行了一次人员整顿，维妮不幸失业。

辛苦工作了好几年，却没有得到出版业的"厚待"，维妮冲动之下想把自己多年来积攒的所有图书都当垃圾一样卖掉。不过，她静下心来想一想，自己不是早就想好做个职业撰稿人吗，于是她继续坚持写作。

后来，维妮意外地获得了一个"上岸"的机遇，被一家大公司相中，并通过人事部门的公开考试，被录用为秘书，端上了年薪近十万元的铁饭碗。尽管如此，维妮依然决定留住自己的一块自留地——继续坚持业余写作，为未来留一条也许永远都用不上的"退路"。

不管面对什么事，都要留有一条退路。人生不是非生即死的"赌博"，不到逼不得已的绝境，聪明的人一般不会冲动用事、破釜沉舟，霸王别姬的悲剧更是只会在有勇无谋的人身上重演。

没有想好退路就匆忙上路的人，往往会铩羽而归。给自己留一条退路，是看破世俗的豁达，是绝处逢生的机智，更是一种双赢的策略。留一条退路，你不会退缩，而是能够更加坚定地前行。

因此，不要心急，不要冲动，凡事给自己留条退路吧。

第六章
携一丝清凉，自有一涧碧潭幽谷

没有什么会永恒，也没有什么过不去。一抹清凉入心，得失都不在意，心境，如碧潭幽谷，空明如也。

学历不是骄傲的资本

学历不是衡量能力高低的唯一标准。那些将高学历当作骄傲资本的人，未免太可笑、太无知了。

一位刚毕业的博士被分配到了一所研究所，成为那里学历最高的人。一天，博士到单位后面的小池塘钓鱼，正好单位的一个老同志也在。"听说他也就本科学历，我跟他有啥好聊的呢？"这么想着，他只是朝对方微微点了点头，没有说话。

过了一会儿，只见老同志放下钓竿，伸伸懒腰，"噌噌噌"从水面上如飞地走到对面上厕所。水上漂？不会吧？这可是一个池塘啊。博士的眼睛睁得都快掉下来了，这是怎么回事呢？难道这是一位江湖高手？等这位老同志上完厕所又从水面飘过来时，博士想过去好好问问，但想到自己是博士生，怎么能"屈尊"呢。

过了一会儿，博士也想去上厕所了，可这个池塘两边有围墙，去对面厕所非得绕十分钟不可，而回单位又太远，怎么办呢？他仍然不愿意去问那位老同志，憋了半天后起身往水里跨，心想："我就不信本科生能过的水面，我博士生就过不去！"

只听"咚"的一声，博士栽到了水里。那位老同志赶紧将博士拉了上来，问他为什么要往水里跳，是否遇到了什么想不开的事情。博士吞吞吐吐了半天，反问道："为什么你可以轻轻松松地走过池塘去上厕所？而我就掉水里了呢？"

老同志轻轻一笑，解释道："这池塘里本来有两排木桩子，由于这两天下雨涨水，桩子被淹没在了水面下。我知道这木桩的位置，所以可以踩着桩子过去。你不了解情况，怎么也不问我一声呢？"

看完这个故事，你是不是觉得这个博士很可笑呢？现实生活中，这样的人并不少见，他们一味地认为自己学历高，是最棒的，是有经验的，自己不必请教别人什么事情，一副得意扬扬、目中无人的样子。

高学历不等于高能力。要知道，除了高层次的知识水平之外，人生还有很多没有经历过的经验与常识，实践才是检验真理的唯一标准，能够解决实际的问题才算是真正优

暖心小语

学历高不代表全能全知，要放下骄傲，放下清高，不断地去累积、学习。

秀的人才。

所以，当你拥有高学历的时候，不要得意扬扬、骄傲自满，学着静下心来，你会发现其实自己的学历并不能说明什么，微不足道，更不代表你从此就有高人一等的能力。能力远远要比学历重要得多！

卡莉·费奥莉纳女士被称为"全球第一女CEO"、"最有权力的商界女人"，她曾先后在美国著名的大学拿到了历史、哲学学士学位、企管硕士学位，但这些高学历都不是她最终成为惠普公司董事长兼首席执行官的必要条件。

刚进入惠普公司时，费奥莉纳负责的是秘书工作，她并没有因为自己的高学历而得意，而是清楚地认识到了惠普是一家以技术创新而领先的公司，在这里学历代表着过去，只有能够跟上公司的步伐才能不断进步。为此，费奥莉娜总是非常关注技术行业，并注意经验的积累、能力的锻炼。

几年后，经验、能力等各方面已经成熟的费奥莉娜开始投身惠普的销售电话服务，拓展了公司的国际业务，并于1995年成功促成了惠普分拆朗讯科技，升为朗讯科技的全球服务供应业务部行政总监；2001年，她又促使惠普与康柏公司达成一项总价值高达250亿美元的并购交易，成功出任新惠普公司首席执行官，成为道琼斯工业指数成分股企业中唯一的女性总裁。

对于自己的成功，费奥莉纳总结说："能力远远要比学历重要得多，这些年我不断地总结过去的经验，不断适应新的环境和新的变化，不断体会更好的工作方法和效率。不断学习是一个CEO成功的最基本要素。"

学历高不是你骄傲的资本，卡莉·费奥莉纳是如何从秘书工作做到首席执行官，并最终从男性主宰的权力世界中脱颖而出的呢？答案不是她的高学历，而是她不断地学习、不断积累经验、不断地提升自我能力的结果。

因此，不怕你有高学历，只怕你太过得意，静不下心来，让学历成为抑制能力的枷锁；不怕你没有学历，只要你能够不断地学习，不断地提升自己各方面的能力，你就能够成功。在现实当中去磨炼自己吧，是金子总会有发光的那一天。

高学历不是成功的必要条件，不是一个人得意的资本，更不代表你从此就有高人一等的能力。静下心来，在实践中不断丰富你的经验，提升你的能力吧，能够解决实际的问题才算是真正优秀的人才。

盛气凌人要不得

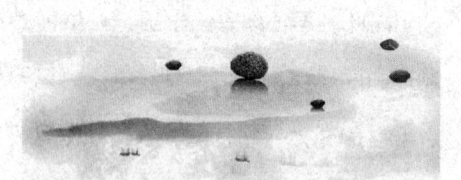

"你希望别人怎样对待你,你就应该怎样对待别人。"一个人若仗着自己身份地位高,心不宁静、心高气傲、扬扬得意、不尊重别人,是绝不会得到别人的尊重的,只会招致别人的反感,自取其辱,让自己难以下台。

孙淼是一家汽车技术公司的工程师,他头脑灵活、手脚麻利,需要两个工程师做的事情,他一个人做起来却游刃有余,并时常做一些技术上的创新尝试,因此多年之后他已是公司身居要位的"老功臣"。

为此,孙淼感到很自豪,认为自己贡献大、地位高,有些飘飘然了。遇到公司那些"晚辈"的时候,他总是抬高头颈、背手踱步,一副高高在上的样子。当别人的工作出现问题时,他便会以前辈自居,用带有轻蔑性的语言指责对方:"那么容易的事情你也会出错?要是你能有我年轻时的一半聪明才智的话就好了……"

有一次做项目,孙淼和几个同事意见不合,同事们都说应该那样做,他却坚持这样做。最后他不耐烦了,大叫道:"这种项目以前你们都没做过,有什么资格下结论?我经验丰富又怎么会出错呢?"大家看他这么说,也都不作声了,任他去做决定。后来,那个项目没有攻下来,不了了之。渐渐地,同事们谁都不愿意和孙淼一起工作了,有些人还讥讽起了他:"这刚上任几天呀,就真把自己当官了,还在公司耍大牌。"

一段时间后,公司组织全体工作人员进行互相评价的活动,令孙淼没有想到的是,自己居然得了最低分。"得意忘形"、"目中无人"是人们对他一致的评价,他心里很不平衡:"我能力很出众,对公司贡献大,可为什么他们对我的评价这么差?"

孙淼仗着自己对公司贡献大,身居要职,便无视公司其他人,当别人受了几次难堪后,谁还愿听他以前辈自居的言论,欣赏他自以为是、盛气凌人的丑态,只会对他敬而远之、群起而攻之,因此,我们一定要引以为戒。

静下心来看待这一切,你会明白所有人的人格是平等的,世界上谁也不会比谁高贵多少,这些身外之物是微不足道的。即使你再高人一等,也没有盛气凌人的资本。

得意时静下心来,尊重身边的每一个人,无论对方职务高低、身份贵贱。只有这样,你才能够赢得别人的尊重和欣赏,赢得良好的口碑和人缘,最终赢得更多更大的成就。

在这一点上,季羡林先生为我们做了良好的典范。

季羡林先生是我国著名学者,他才高八斗,曾是北京大学副校长,被奉为中国大陆的"国学大师"、"学界泰斗"、"国宝"。然而即便有了这么高的地位,季羡林先生也不会因此盛气凌人,反而和和气气。有这样一

暖心小语

即使高人一等,也不可盛气凌人。

则故事，完美表现出了季羡林先生的人格魅力。

有一年9月，新的学期开始了，大批学生从天南地北赶到北大。这其中，有一个外地的农村学生，他大包小裹的东西很多。因为这些行李很沉，所以不一会儿他就累得气喘吁吁，把行李放在路边休息一下。为了不耽误报到，学生想找一个人来帮自己看东西。不过看了半天，他发现过来的不是学生就是学生的家长。人们都行色匆匆地为报到的事情而忙碌，哪里有人有时间帮他看行李？

正当他不知所措时，路边走来一位老大爷，这位老大爷走路比较慢，看起来比较悠闲，不像是要赶路的样子，于是这个学生看到了希望，便抱着试一试的心情拜托这位老大爷帮自己看一下行李。没想到的是，老大爷爽快地答应了，还和和气气地告诉学生办手续的流程。当天北大的新生很多，那个学生办手续花了两个小时，他心想那位老大爷肯定等不耐烦已经走了，但回到放行李的地方却发现老大爷还在尽职尽责地帮自己看包，他感动地对老大爷说了很多感谢的话，老大爷谦虚了几句便笑着走了。

第二天开学典礼上，这位学生吃惊地发现，昨天帮自己看包的那个老大爷也在主席台上就座，原来他是北大的副校长季羡林教授。从这以后，这位学生逢人便夸赞季羡林老师，并将之当成了自己一生的偶像。

季羡林先生是学识渊博、才华横溢的大学者，但是他却不以此自居，屈身为学生看守行李，还做得心平气和、恬淡安然，正是这种朴素而又伟大的人格魅力，使他获得了众人的尊重和敬仰。

如开在尘埃里的花，朴实，无瑕

一个人在工作或在其他方面取得成就，迫不及待想让他人知道，这是人之常情。但这种急于体现自我价值、想被他人认可的心态，很可能会导致心理上的自我抬高，引人走向失败，最终毁了我们自己。

一个年轻人千里迢迢来到法门寺，对住持释圆大师说："我一心一意要学丹青，但走南闯北了十几年，至今没有找到一个令我满意的老师。许多人都是徒有虚名，有的画技甚至还不如我呢。"

释圆淡淡一笑："既然施主画技那么好，不如为老僧留下一幅墨宝吧。老僧最大的嗜好就是饮茶，可否为我画一个茶杯和茶壶？"

年轻人只用寥寥数笔就画出了一个倾斜的水壶和一个茶杯。那水壶的壶嘴徐徐吐出一脉茶水来，正注入那茶杯中。释圆看了，摇了摇头说："你画得确实不错，只是把茶壶和茶杯放错位置了，应该是茶杯在上，茶壶在下呀。"

年轻人笑道："大师为何如此糊涂？茶壶往茶杯里注水，哪能茶杯在上，茶壶在下呢？"

释圆说："原来你懂得这个道理呀！你渴望自己的杯子里能注入那些丹青高手的香茗，但你总把自己的杯子放得比那些茶壶还高，香茗怎么能注入你的杯子呢？要吸纳别人的智慧和经验，首先要把自己放低。"

"总把自己的杯子放得比那些茶壶还高，香茗怎么能注入你的杯子呢？"无论取得了多么大的成就，我们都不应该自己抬高自己，而是要静下心来，时刻将自己放在低处，保持谦虚的态度。

静下心来，当你用谦逊的眼光看待周围的一切时，就会发现人外有人、天外有天；尺有所短，寸有所长，你将更清楚地看到自己身上仍然存在着许多不足，发现自己所取得的成就微不足道，同时也寻找到别人身上的优点。

在拥有财富、名声之时，千万不要沾沾自喜，认为自己很了不起，努力让心态保持平和，提醒自己还有很多比自己优秀的人，将自己放在低处，摒弃自家之短，博采众家之长，不断地充实自己、提高自己，不断前进吧。

有些人之所以一直成为人们眼中的成功者，就是因为他们自始至终能够在成功面前静下心来，把自己的位置放在最低处，看到自己身上的缺点和不足，然后付诸行动，使自己更加完善、更加完美。

暖心小语

江海之所以能成为一切小河流的领袖，是因为它们善于处在一切溪流的下游。

梅兰芳是我国著名的京剧大师，他不仅在表演上造诣精深，在绘画领域也成就非凡。成名之后，他不但没有将绘画放弃，反而拜多位绘画大家为师，虚心向他们学习绘画技艺。齐白石就是他拜的绘画老师之一。

1913年，梅兰芳在上海首次演出时，萌

生了向齐白石拜师学画的想法，并将齐白石请到书案前，拿出自己的画作请教指点。齐白石对梅兰芳的画大加称赞，梅兰芳却谦虚地说道："我愚笨，总是画不好，我很喜欢您的草虫，想学您下笔的方法。我真心拜先生为师学画，还请您应允才是。"

梅兰芳拜齐白石为师学画时，他在戏曲界的名气已如日中天。人们都认为他只是摆摆样子而已，哪还能潜心画画？就是齐白石本人也对他说："你这样有名，叫我一声师父就是抬举老夫了，就别提什么拜师不拜师的啦。"

可梅兰芳坚持一定要举行拜师仪式，行跪拜大礼。他学画也特别认真，那一段时间里，只要不排练、不演出，不管刮风下雨，他都按时坐黄包车到齐宅学画，进门先向老师鞠躬问好，谦恭的样子像个小学生。

在跟随齐白石学画期间，梅兰芳勤奋用功，没过多久，他的绘画笔法更加纯熟，画技日益提高。终于，凭着高超扎实的绘画技艺，他在绘画艺术领域取得了非凡成就。而且，他对齐白石恭敬至极，许多尊师勤学的言行都成为流传至今的佳话。

梅兰芳即使顶着"成功的花环"，也绝不会做"珠光宝气"之"秀"，而是时时能够静下心来，将自己放在低处，在不断提高自己的过程中，使自己的人生得以升华，他这种谦虚的人生态度无疑是值得我们每个人学习的。

有一位作家说过："真正有大智慧和大才华的人，必定是低调的、谦虚的。才华和智慧像悬在精神深处的皎洁明月，早已照彻了他们的心性。他们的心境是平和的，灵魂是宁静的。"

不要以为自己什么都行，得意时静下心来吧，表现得谦恭一点儿，将自己放在低处。这一如开在尘埃中的花朵，多了一份无华的朴实，少了一份浅薄的喧哗，必然能够吸天地之灵气、集日月之精华。

记住，江海之所以能成为一切小河流的领袖，变得博大而精深，是因为它们善于处在一切溪流的下游。要想在激烈的竞争中获胜，没有什么比时刻把自己的位置放在低处、虚心学习别人的长处更重要了。

在成功面前静下心来，把自己的位置放在最低处，你将更清楚地看到自己身上的不足，同时也寻找到别人身上的优点，才能摒弃自家之短，博采众家之长，才能不断地充实和提高自己，从而接近成功。

一只空杯子

成功是可喜可贺的一件事情，但如果一个人太过于沉浸成功中的荣誉、辉煌、掌声或成绩时，必定会骄傲自满、目光短浅、安于现状、故步自封，结果弄得自己错失良机，一事无成，还容易迷失自我。

在实际生活中，我们看到不少这样的现象：有的人或者有的公司曾经很优秀、很杰出，但后来却停止不前，甚至落后了。其中最大的原因之一就是这些人或者公司在取得一定成就后就故步自封，致使当初的成功成了发展的包袱。

如何避免这种情况发生呢？我们需要静下心来，培养一种"空杯心态"。"空杯心态"的含义富有哲理，即一个装满水的杯子很难接纳新东西，如果想获得某方面的进步，需要先把自己想象成"一个空着的杯子"，而不是一个装满水的杯子。

说起空杯心态，下面有一个小故事。

很久以前，一个小有成就但心气颇高的年轻人去一个寺庙拜访一位德高望重的老禅师。当老禅师接待他时，年轻人自认为自己各方面的造诣都很深，言谈之间自然流露出了对大师的傲慢无礼。

老禅师轻轻地笑了笑，但他还是殷切地给年轻人倒茶水喝。可是在倒水时，杯子明明已经满了，老禅师依然不停地往里面倒水，结果自然是水流了一地。年轻人在一旁喊道："大师，杯子里的水已经满了，您为什么还要往里倒水呢？"

老禅师由此说出禅机："是啊，既然杯子已经满了，水怎么还能倒得进去呢？"禅师的言外之意是，既然你已经很有学问了，为什么还要到我这里来求教呢？

听罢，年轻人大悟，深刻认识到，大圆满还需要"空杯心态"。

空杯心态就是时刻准备一切从头再来，随时对自己拥有的知识进行调整和处理，清空陈腐过时的旧知识。只有这样，我们才能为新知识的进入腾出空间，保证自己的知识不断得到丰富和更新。

每逢冬天到来的时候，许多树木脱掉茂盛的"装束"，变得光秃秃的，让人不免有些惋惜。然而细想之后，你就会发现，它们是在减少生命的负担，是在积蓄能量，等待拥抱下一个灿烂的春天。

空杯心态看似是一种一无所有，实际上却是一种更广阔的拥有，因为它赢得了可以无限发展的空间。正如一张白纸最大的优势是它的空白，有最大的自由让人去描绘，从而可以画出最新、最美的图画。

暖心小语

永远都要把自己想象成一只空杯子。

一个人拥有空杯心态的时候，他会时刻查找自己的不足，不断完善自我，从而能够接受更新的思想，思维更加活跃、行动更加谨慎，时刻保持一种乐观的态度去应对新一轮的机遇和挑战。

贝利是20世纪最伟大的足球明星之一，被喜爱他的人尊为"球王"。在他二十多年的足球生涯中，总共参加过1364场比赛，共踢进1282个球，而且创造了一个队员在一场比赛中射进八个球的纪录。

贝利超凡的球技不仅令亿万名观众如痴如醉，而且常常使球场上的对手拍手称绝。在他个人进球纪录满1000个时，有记者采访他："在这1000个进球中，您认为自己哪个球踢得最好？"

贝利的回答耐人寻味，就像他的球技一样精彩绝伦，他淡淡地回答道："下一个。"

在巨大的成功面前，贝利没有骄傲自满，而是静下心来，将以前的成功放到一边，敢于向自我挑战。换句话说，因为拥有"空杯心态"，贝利才一次次站在了新的起跑线上，创造了足球场上一个又一个的奇迹。

因此，在成功面前，我们要学会静下心来，将心里的"杯子"倒空，别被那些成就、经验、利益、学识等东西束缚了自己，相信我们定能不断发展、创造新的辉煌，在成功的道路上越走越远。

静下心来，将心里的杯子倒空，是一次去陈换新、删繁就简的重新定位。在此期间，我们的思维将更加活跃，行动将更加谨慎，从而焕发出蓬勃向上的朝气，迸发出勇往直前的拼劲，打造出无所不能的人生。

要长成参天大树，先把自己埋进土里

几乎每一个人都想刚从事工作就得到高薪高职，但这并不是人人能如愿的，总有些人会得不到赏识、得不到重用。这时候，有些人会顿感失意，觉得自己一无是处，进而对自己的能力产生怀疑，不思进取，甚至懦弱和畏缩。

人才就怕在看似不被重用的日子里自怨自艾、自暴自弃、不求上进、虚度年华，浪费人生的大好时光，如果这样下去，当某一天机会降临到自己的头上时，恐怕连亮出自己的资本都没有了。

小王进入一家电器公司时，只是担任一名普通的技术开发人员。小王认为凭借自己的能力可以做高级技师，便试图努力展示自己的才华，但由于种种原因，他一直没有得到足够的重视。于是他开始不求上进，整日像混日子一样。

一天晚上，小王独自在酒吧喝酒，无意间遇到了老板，两人便坐到一起喝起酒来。几杯酒下肚，小王的胆量大了起来，不禁将自己心中的不满说了出来："老板，说句您不爱听的，是不是所有的老板都像您这样，很难发现员工的潜能和长处，让下属们找不到施展才华的机会？"

老板没想到自己竟然给小王留下了如此的印象，想想也是，小王在公司里工作了将近四年，也是公司的老员工了，在待遇上并不比一般公司所给的高。于是，一个星期后他适当地提拔了小王，并信任地将一项重要的任务交给了他。

因此，小王很高兴地接受了，他原本以为现在获得了更大的施展抱负和才华的空间，自己一定能够大展拳脚、有所作为，不料那些原本已经学到手的高端技术由于长时间地荒废已经忘得差不多了，他只好向老板请示给自己一个比较简单的任务。

老板不免有些疑惑，询问原因，小王支支吾吾地也没有说出个所以然来。

由此可见，在不被重视和重用的时候，如果一个人不能坦然自若地面对，不能沉下心来好好做事，终究只能让自己局限于旧有的束缚中不得前进，即使是个杰出人才，也难以得到更大的发展舞台。

事实上，不被重视和重用不是关键的问题，并不能代表自己一无是处，关键在于你个人是怎么去想、怎么去做的。如果你能够静下心来，坦然自若地面对这种失意，你会发现自己身上有很多可用之处。

没有一条路平整到毫无坑洼，但我们却不能因为坑洼而拒绝前行；没有一片土地平阔到没有低谷，但我们也不能因为低谷而放弃大河山川。静下心来发现自己的优点，积弱图强、守弱保刚，这就为将来的大作为做好了准备。

的确，那些取得较大成就的人，没有一步登天的本领，也并不是一开始便居于高位，关键是他们在不被重用与重视时能够静下心来检视自己、发现自己的优点，自己重用自己，沉下心来好好做事，最终厚积薄发。

暖心小语

不被重视和重用不是关键的问题，关键是做好自己。

芸芸是上海某名牌大学管理系的高才生，毕业后被一家外贸公司录用。刚一开始，上司只分配芸芸做文员，每天的工作就是整理、撰写和打印一些材料。深感不被重用的芸芸很是失意，满腹牢骚、哀叹不已，在工作中明显浮躁了很多，表现得非常不认真。

看着自己整日一张"苦瓜脸"、无精打采的可怜样子，备感失意的芸芸问自己："难道我的能力只能做些零碎而烦琐的工作吗？"一向不服输的芸芸摒弃了那种悲观的想法，"我思维缜密、善于分析，我还有这么多的优点呢。"

接下来，芸芸决定改变自己，她开始很认真地对待工作。由于整天接触公司的各种重要文件，又学过有关财务方面的知识，细心的芸芸发现公司的一些财务运作方面存在着问题，她便开始搜集关于公司财务方面的资料，将这些资料分类整理，并进行分析、提出建议，最后一并打印出来交给了老板。

老板详细地看了一遍这份材料后，惊异于芸芸如此年轻就有这么精明的头脑，而且分析得井井有条、合情合理。后来，每次开会时，老板都会征询芸芸的意见，并让她参与决策，对她十分倚重。不到一年的时间，芸芸被调到了总经理办公室担任助理，她的职业生涯也从此蒸蒸日上。

芸芸之所以获得比他人更多的成功机会，是因为她一开始就得到了重用吗？不！在不被重用的时候，她能够静下心来检视自己，寻找到了自己的闪光点，合理地去开发自己，从而在人生的矿藏中开采出了"金子"。

"一些树之所以能长成参天大树，是因它们把根深深地埋入了土里"。得不到赏识、得不到重用时，千万不能焦虑抱怨、自暴自弃。在这等待的时间里，要更加努力地去充实自己，提高自己的能力。

在不被重用时，要积弱图强、守弱保刚。当有一天你有足够的能力担当重任时，新的机会和新的岗位自然就向你走来。因为在老板的心目中，你已经变得不可替代了，那个时候你还会有"怀才不遇"的失意吗？因此，为了那一天的到来，此刻就做好充分的准备吧。

极限，不是人人都能挑战

在实际生活中，很多人面临过这样一个困惑：同样一件事情，为什么别人做得顺风顺水、洒脱自如，自己却力不从心，甚至步履艰难？在你为此感到失意之时，请先问问自己是否在做自己能做的事？

每个人在做事的时候都会有自己的极限，即最大的承受能力。人不是因为做了最大的事情而辉煌，而是做自己能做的事，如此成功便不再复杂，人生便不再纠结。这正印证了一句话："英雄就是做他能做的事。"

有一位登山运动员，他曾经有幸参加了攀登珠穆朗玛峰的活动。珠穆朗玛峰的最高海拔为8844.43米，当爬到海拔6400米的高度时，他的身体出现了严重不适，不得不停下来，返回了基地。

事后，许多朋友都替他惋惜，很多人说："已经走了3/4的路程了，你为什么要放弃呢？如果能咬紧牙关挺住，再坚持一下，或许也就上去了。要知道，有多少人梦寐以求站在珠穆朗玛峰上啊。"

可是这位运动员却不以为然，他平静地说："不，我自己最清楚，6400米的海拔高度是我登山生涯的最高点，如果我再攀登的话，可能就会丧命。所以，对此，我一点儿都不感到遗憾。"

对于这位登山运动员来说，6400米就是他的极限和最大的承受能力，就是他攀登生涯中最高的高度。他懂得保存自己的实力，淡然自若地只做自己能做的事。谁又能说，他不是一位真正的英雄呢？

当我们在成功路上屡屡摔跤，对某件事情力不从心、备感失意的时候，我们不应该悲观失望、自暴自弃，而是应该静心沉思，是不是我们为了标榜成功而挑战了自己的极限，做了自己无能为力的事情？

要知道，"自然界里的喷泉高度不会超过它的源头"，挑战自己的极限，只会得到英雄主义般的"悲壮"，只会在成功路上屡屡摔跤，自信心就会渐渐泯灭，就会在永久的卑微和失意中沉沦。

为了应对自然界的种种挑战，动物们策划创办了一所超级技能学校，以便让所有动物都精通奔跑、爬树、游泳和飞行等生存技能。第一批学员是鸭子、兔子、松鼠以及泥鳅，它们需要学习所有的科目。

鸭子的游泳顶呱呱，甚至超过了老师的水平，飞行成绩也不错，只有跑步最差，因此，鸭子每天不得不放弃心爱的游泳项目，腾出时间练习跑步。可鸭子的脚蹼不堪粗糙地面的摩擦，严重受伤，游泳成绩大受影响。

兔子善跑，在刚开学时是班里跑得最快的，但是对游泳这项科目，它感到非常吃力。由于在游泳科目上有太多的作业要做，它不得不整天泡在水里，在无数次补考游泳之后，终于导致精神失常。

松鼠的爬树成绩一向是班里最出色的，但对飞行感到非常沮丧。可是，飞行老师却非要让它反复练习从地面飞到树上，高强度的练习

暖心小语

"自然界里喷泉的高度不会超过它的源头"，凡事不能超过自己最大的限度。

害得松鼠腿部肌肉受伤，结果爬树也成了问题。

学期结束时，公布成绩，普普通通的泥鳅同学由于游泳还马马虎虎，跑、跳、爬的成绩一般，还能勉强跳一点儿，因此，它的总成绩在班里最高。毕业典礼那天，作为全校学员的唯一毕业生，它在大会上发了言。

这就是美国教育家里维斯博士所写的寓言故事《动物学校》。看到鸭子学跑步、兔子习游泳、松鼠练飞翔……你是不是会觉得很滑稽，会哑然大笑？但是，你想过吗？你可能就是它们其中的一员。

比如，或许你是一个技术型的员工，不懂管理，但你却忽略了自身优势的发挥，一心向往行政职务上的升迁，那么即使你在这方面再努力，进步也是非常慢的，很难得到公司的提拔。即使你真的有幸被提拔为管理人员，你的能力也很难适应新岗位，做不出理想的业绩，迟早会退下来。

由此可见，静下心来检视自己、承认自己的能力和局限，你会知道自己能够做成的事情，然后加以实行、量力而为，让自己有限的生命发出适度的光和热，你就能从自我否定的状态中获得解放。

我们来看一个真实且形象的例子。

安德鲁·伯利蒂奥是一家建筑公司的老板，他的梦想是打造一支精英团队，把这家公司推向业界数一数二的位置。为此，他把大量的时间用在设计和研究上，还负责管理着公司很多方面的事务。

可是，安德鲁的努力似乎并不奏效，他所设计的作品质量常常不尽如人意，客户并不买账，公司业务十分糟糕，更别提取得令人骄傲的成绩了。安德鲁感觉很失望，他开始怀疑自己的能力了。

后来，一位教授告诉他："做你能做的事情就可以了。"

"做你能做的事情就可以了。"就是这句话给了安德鲁很大的启发，他开始了对自己的思考：自己根本不善于管理，却把很大一部分时间和精力都浪费在管理那些乱七八糟的事情上。这样做实在一点儿好处也没有，反而会制约目标的实现。

安德鲁如大梦初醒，他洒脱地把公司的管理工作交给了手下，自己则把时间和精力集中用在设计工作上。不久，他写出了《建筑学四书》。此书至今仍被许多建筑师们奉为"圣经"。他成功了。

综合安德鲁·伯利蒂奥的经历我们可以看出，他之所以能够取得成功，是因为后来专注于自己能做的事情上，量力而为、恰到好处，结果获得了很大的成功，内心渐渐地也不再被失意所困扰。

当行则行，当止则止，每个人都应该及时了解自己的能力和局限，并且承认自己的能力和局限，做到量力而为、恰到好处。只做自己所能的人会取得不俗的成绩，会获得"个性化"的成功。

"自然界里喷泉的高度不会超过它的源头"。当我们对某件事情力不从心、备感失意的时候，应该静下心来专注于自己能做的事情上，量力而为、恰到好处，如此生命便会散发出适度的光和热。

把潜能唤醒

也许，你的人生此刻走进了一个"死胡同"，似乎自己的事业已经到达了巅峰期，再怎么努力也不会有进步，高薪高职的机会也不会靠近。你是不是在悲叹自己没有能力，好运也不曾降临？

其实，即便人生多么失意，你也并非一无所有，因为你还有最大的成功资本——潜能。何为潜能呢？潜能是蕴涵在我们体内的能量，它的力量巨大得难以估计。不过，它是一个处于休眠状态的巨人。

如果你无视潜能的存在，不懂得开发潜能的力量，那么潜能就会一直处于休眠状态，如此一来，你就无法利用它的巨大力量，所取得的成就只能是有限的，再过十年仍是停留在原地，无法前进，失意自是难免。

知道了这个道理后，失意时不必自怨自艾、黯然神伤，不妨让自己静下心来，来一场探寻自我的旅程。感受自己体内的潜能，唤醒它、不断地挖掘它，那么展现在你面前的便是拥有无限可能的生活。

回顾历史，我们会发现那些大有成就的风云人物们之所以能从平庸走向卓越，之所以能够取得令人瞩目的成就，并不是他们受到了多少好运的眷顾，而是他们能够静心与自己的潜能对话，使潜能得到了充分的开发。

1970年，31岁的柴田和子踏入保险界。

1978年，柴田和子创下了在一年之内发展804位业务员的惊人业绩，首次登上了保险界"日本第一"的宝座，此后一直蝉联了16年日本保险销售冠军，被称为"日本保险女王"。

1988年，柴田和子创造了世界寿险销售第一的业绩，并因此而荣登吉尼斯世界纪录，此后逐年刷新纪录，至今无人打破。她的年度成绩能抵上八百多名日本同行的年度销售总和，是营销精英分子们心中的"顶级大姐"。

1995年起，柴田和子担任了日本保险协会会长，但业绩依然不衰，早已超过了世界上任何一个推销员。在全球寿险界，谈到寿险销售成绩的时候，人们常常说"西有班·费德雯，东有柴田和子"。

而在踏入保险界之前，柴田和子当了四年的专职家庭主妇，哺育两个幼儿，一家四口挤在两间租来的只有六个榻榻米和三个榻榻米大小的房子里，生活也因为只有丈夫一人维持而陷入捉襟见肘、寅吃卯粮的赤贫状态。

提到自己的成功经验时，柴田和子说："要成为一个成功的行销人员，就要有'欲望'，有'为者亦若是'的欲望、'这个月要达到这个目标'的欲望、'要成为众人楷模'的欲望，然后是'要满足欲望'的欲望。"

在这里，柴田和子的这些欲望就是一种

暖心小语

你最大的成功资本是潜能。

唤醒潜能的方式。当柴田和子不懈努力、奋发图强、全力以赴地实现自己的目标时，她的潜能被彻底地唤醒并激发了出来，最终创造了销售奇迹，这正是潜能的秘密。

试想，如果手抱稚子、身处恶劣环境的时候，柴田和子继续做一个平庸的、失意的家庭主妇，她的潜能势必得不到有效开发，那么她还能如此极具感染力而走到最终的顶峰吗？答案不得而知。

诚然，潜能的力量是巨大的，但是唤醒潜能有着相当的难度，因为它所需要突破的是隐存于自己内心里的自我围墙，是在自我与环境中摸索出突破的方向，不做出一番努力是无法达到的。

辛普生出生于旧金山的贫民区内，父母离异，家境贫寒。六岁时，他突然得了小儿软骨病，双腿必须用夹板夹牢。因为支付不起药费，用来支撑的夹板是由他家人做的。病痛加上长期的夹板作用，使辛普生的腿逐渐萎缩，双脚向内翻，小腿很细，而医生认定他的人生毫无前途可言。

一日，辛普生偶然结识了旧金山飞人棒球队的运动员威利·梅斯基，他萌生了当运动员的想法。但是，母亲却说这是不可能的。的确，辛普生双腿肌肉萎缩，根本不是当运动员的料。不过，辛普生并不这么认为。

为了帮助家里挣钱，也为了锻炼腿部的肌肉，辛普生开始参加工作了，他到街上去卖报，到池塘去打鱼，到火车站帮别人装卸行李，还在一家商店做过售货员。一有时间，他便到附近一所中学练习打橄榄球，其间的辛苦可想而知。每天晚上回到家后，辛普生需要给腿部按摩半个小时才能感觉舒服一点儿。

"谁说我的人生毫无前途可言？不试怎么知道自己不行，我相信我能行！"辛普生时常这样告诉自己。他不畏惧困难，艰苦训练，随着腿部肌肉的恢复，他的技术越来越好，后来竟表现得不同凡响，一时间成了全美国最杰出的棒球运动员之一。

身患疾病，却能够成为杰出的运动员，赢得万人的瞩目与喝彩，辛普生经历的辛酸、付出的努力可想而知。当然，潜能也赋予了他无穷的力量，帮助他克服万难、勇往直前。

不必惧怕穷困潦倒，不必忧心处世艰难，失意时不妨静下心来，挖掘蕴藏在我们体内的潜藏力量，如此，我们将迎来凤凰涅槃般的重生。"会当凌绝顶，一览众山小"。人生如此，该是何等的洒脱、何等的惬意。

潜能是蕴涵在我们体内的能量，它的力量巨大得难以估计。失意时不必自怨自艾、黯然神伤，不妨静心与自己的潜能对话，来一场探寻自我的旅程，相信展现在你面前的是拥有无限可能的生活。

没错，你就是"佼佼者"

造物主在创造每个物种时，给予了它独一无二的、别人无法替代的天赋，注定它会是某领域的"佼佼者"。无论你的生活多么失意，永远不要忘记守护自己的优势。正如西德尼·史密斯所说："永远不要丢开自己天赋的优势和才能。"

"三百六十行，行行出状元"，通向成功的道路有许多条，在不同领域、不同行业，人们取得成功所需要的才能和智慧是不一样的。许多人之所以能够成为所在领域的佼佼者，秘诀正是发现和发展了自己的特长，关于这一点，以奥运会金牌得主、著名的美国跳水运动员格里格·洛加尼斯为例可以得到证实。

格里格·洛加尼斯小时候是一个非常害羞的男孩，又有点儿口吃，他在阅读与讲话方面不尽如人意，还曾被归入学习最差学生的行列。为此，他经常受到同伴的嘲笑和捉弄，这令他心里很不愉快，很是失落。

不过，洛加尼斯是一个聪明的人，他知道自己的天赋在运动方面，而不是学习。认清这点后，他决心集中精力到自己的特长上，展现自己的运动天赋。由于自身的天赋和努力，洛加尼斯果然开始在各种体育比赛中崭露头角，赢得了老师和同学们的尊重。

后来，在一位前奥运会跳水冠军的指点下，洛加尼斯接受了跳水专业训练。经过长期的努力，他终于在跳水方面取得了骄人的成就：16岁成为美国奥运会代表团成员；28岁时已获得六个世界冠军、三枚奥运会奖牌、三个世界杯和许多其他奖项；1987年作为世界最佳运动员获得欧文斯奖，达到了一个运动员荣誉的顶峰。

尽管在学业上的表现不甚理想，但聪明的洛加尼斯发现自己的天赋在游泳上，并以此获得了辉煌的成就。可见，好钢要用在刀刃上，找准自己的天赋、充分发挥自己的优势，个人价值才能得到最大的体现。

我们所处的职场就是一个大的战场，每个人都想在这个环境中脱颖而出，而我们需要做的就是找到自己的天赋、施展自己擅长的本领，将之作为前进的利器，拼杀出一块属于自己的天空。

不用怀疑，你是某领域的"佼佼者"。不过，由于天赋是一种针对特别的东西或领域的天生的敏感性，需要对自身的性格、个人能力、专业技能、思维能力等进行全面、清楚地考虑，因此，我们往往需要长时间的摸索和尝试。

杨娇娇是某家外贸公司的秘书，她善解人意、为人随和，对待工作也是尽心尽力，但她非常不喜欢坐办公室，在办公室超过一个小时就如坐针毡，因此她深感做秘书工作的不快和吃力，经常朝家人发脾气。

后来，杨娇娇决定换一个工作，便打算向

暖心小语

三百六十行，行行出状元，永远别丢弃你天赋的优势和才能。

老总提出辞职请求。但一想到这家公司在业界非常有威望，而且自己当初是经过层层面试才进来的，要是这么走掉就可惜了。想来想去，她决定在公司内部调换一个新工作。

做什么好呢？杨娇娇开始有意识地留意自己的能力，她发现自己思维缜密、善于分析，而且乐于与人交往，便大胆地请求老总将自己调到了销售部。果然，在销售部杨娇娇应付自如，工作做得非常出色，赢得了不少顾客的称赞，她的职位和薪水均得到了提高。

由此可见，找到自己的天赋，并将之运用起来时，你的内心是充满愉悦和快乐的，你就可以比较轻松地做出一番成就，找回自信和成就的感觉，获得众人的认可和欣赏，相信你的道路会越走越宽阔。

现在就静下心来想一想：你的天赋是什么？有一个很简单的判断方法供你参考。比如，当你看到别人做某件事时，你心里是否会有一种痒痒的召唤感——"我也想做这件事"；当你完成一件事时，你是否会有一种满足或欣慰感；你在做某类事情时非常快、无师自通；当你做某类事情时，你不是一步一步去做，而是行云流水般地一气呵成，这些都是你在这方面有天赋的表现。

总之，判断一个人能否有所作为，最主要是看他是否运用了自己独特的天赋，最大限度地发挥了自己的优势。找对了自己的位置，给自己一个正确的人生跑道，那么成功自然会是瓜熟蒂落、水到渠成的事情。

失意时静下心想一想：你的天赋是什么？施展你所擅长的本领，你就有可能成为某个领域的佼佼者，找回自信和成就的感觉。

我们都不完美地存在着

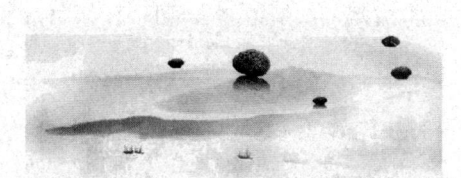

生而为人，我们总是希望把任何一件事情都做得完美无瑕，会因怀疑自己做得不够好而愧疚与担心，担心关心我们的人会因此对我们感到失望；不允许自己犯错误，惴惴不安，一旦犯了错，又会不断地责怪自己……结果，时常感到失望和沮丧，精神和肉体都经受着极大的折磨。

明明自小成绩优异，四五岁时，当同龄的孩子还在玩泥巴的时候，他就和大人们神侃时事、闲聊明清，被称为"神童"。或许是自小建立起来的骄傲感，他做事憧憬完美，一道数学题算三遍确认无误了才放心；明明的英语历来是优势科目，但是往往也得不了满分，而只能得到95分左右，所以他拼命想考100分……

一直被追求完美的心态所禁锢着，明明尽管在学习上出现的错误很少，但是他的学习效率却是很低的，成绩也并没有多么优秀。终于有一天，他渐渐感到力不从心，压抑、焦虑的情绪把他压得喘不过气。

事情刚开始进行就担心干得不够漂亮，辗转反侧、惴惴不安，这就妨碍了我们全力以赴去行动，而一旦遭到不如意又会异常灰心、焦灼不安。长此以往，这种心态会让自己越来越失落、越来越缺乏自信。

世界上没有十全十美的人，也没有十全十美的事，何必这样呢？静下心，把心放宽些，换一种心态，或许就是另一片天地。你会发现，当你不追求出类拔萃，只是希望表现良好时，你的能力会出乎意料的好，享受到鲜花和掌声。

美国前总统富兰克林·罗斯福是一个杰出的领袖，当有记者向他请教秘诀时，他曾坦然地向公众如此承认道："如果我的决策能够达到75%的正确率，那就达到了预期的最高标准了，我就很满意。"

事事追求完美是一件痛苦的事，它就像是毒害我们心灵的药饵，让我们在痛苦和纠结中浪费掉时间和精力。就像罗斯福这样，与其用100%的完美折磨自己，不如静下心来好好看看自己75%的实际能力。

我们可以接近完美，但不可能达到完美。这种观念在我们头脑中必须牢固确立。允许自己犯一些错误，设立的目标实际一点儿，你会发现，自己更有信心，而且更有能力和创造力，如此也就很少感到失意。

世界顶尖高尔夫球手博比·琼斯是唯一一个赢得高尔夫"年度大满贯"（包括美国公开赛、美国业余赛、英国公开赛及英国业余赛）的人，他被称为是美国高尔夫史上最优秀的业余选手。

暖心小语

世上没有十全十美的人，也没有十全十美的事。

在博比·琼斯高尔夫球员生涯的早期，他总是力求每一次挥杆完美无缺。当他做不到时，他就会折断球杆、破口大骂，甚至愤慨地离开球场。他这种脾气使得很多球员不愿意和他一起打球，而他的球技也没有得到多少提高。

直到后来，博比·琼斯渐渐了解，一旦打坏了一杆，这一杆就算完了，但是你必须尽力去打好下一杆。静下心来，调适心态后，他才真正开始赢球。对此，他这样解释说："要对每一杆有合理的期望，而不是寄望非常完美的挥杆成就，你会发现自己的表现率良好、稳定，如此也就更容易取胜。"

不完美是人生的一部分，没有人不犯错误。这是一个事实，我们越早接受这一事实，就能越早地向新目标迈进。所以，失意时我们必须静下心来，放弃完美，不苛求完美，踏踏实实地尽己所能，就可以问心无愧了。

换一句话说，不正是因为有了不完美，人们才有了追求和奋斗，不是吗？倘若一个人苛求件件事情都那么完美，从某种意义上说是极其可怜的。因为他再也无法体会有所追求、有所希望的幸福感受了。

事情不完美不是失意，它是另一个方向上的成就，是另一种意义的收获。我们每个人的一生中，总是会或多或少地留下一些不完美。我们无须为此失意，只需看到自己的努力，体会背后的动力。

总之，任何事情不会完美无缺，我们可以追求卓越，但不必事事都有好的表现。如此，你会发现自己有机会去发掘自己真正的价值，有机会去了解真正的自我，循序渐进地去摘取成功的桂冠。

第七章
执一汪日月，自有一程锦绣山水

人生总要抉择，取舍，心迷茫不定时，最重要的就是明白内心的追求，心中日清月朗，从阻不息。

不做自己，才最痛苦

有一位哲人说："对于这个世界来说，你是全新的，以前从没有过，从天地诞生那一刻一直到现在，都没有一个人跟你完全一样，以后也不会有，永远不可能再出现一个跟你完完全全一样的人。"

遗憾的是，我们周围的很多人却不懂得这个道理，他们认识不到自己独一无二的地位，不知道自己内心到底要追求什么，只好亦步亦趋地效仿他人的样子，就连言谈举止、说话腔调都要模仿别人。

结果呢？自我的价值被否定了，成了一个盗版的别人，内心一直处于迷惘之中，这正是很多现代人心累和失败的根源。难怪教育学家安古罗·派屈说："世上最痛苦的事，莫过于想做其他人，或者除自己以外其他的东西了。"

艾丽莎身材高挑，脸上带着可爱的婴儿肥，给人的感觉既美丽又亲切。因为出色的容貌和身材，她被一个好莱坞的资深经纪人相中，经纪人推荐她去参加一个大型的选美比赛。优厚的奖金使艾丽莎动了心，她便跟着经纪人来到了好莱坞。

这场比赛十分精彩，选手们来自美国各地，她们各有各的风采，而且都非常漂亮。在激烈的竞争下，艾丽莎通过了一轮又一轮的淘汰赛，和其他四名选手一起杀入决赛，竞争冠军的位置。为了让这些决赛选手能够休息一下，调整自己的状态，大赛组织者给了选手们半个月的准备时间。

接下来，艾丽莎开始积极地准备决赛，她分析了几个决赛选手，并将一个叫曼达斯的选手当作了她的潜在对手。曼达斯身材瘦削，颇具骨感美，显得冷艳而神秘，她每次都能获得评委的好评。面对这样优秀的对手，艾丽莎有点儿自卑了，心慌乱了，她意识到自己那张肉乎乎的脸绝对没有一丝高贵和神秘可言，她决定要改变自己，在决赛之前让自己瘦下来，能够和曼达斯一样美。

于是，艾丽莎开始了疯狂的减肥，每天只吃一点儿低热量的蔬菜和水果，完全没有主食，在短短的几天内瘦了十斤。到决赛的那一天，当带她参赛的经纪人看到她的样子时立刻惊叫起来："你怎么变成这个样子了？"原来，经过短期减肥，艾丽莎严重营养

暖心小语

每一个生命都以独特的姿态存在着。

不足，脸上的双颊也瘦得凹陷下去，神色显得非常疲倦，肌肉和皮肤也显得松弛。

"本来你很有可能赢得冠军，但从你现在的样子看来几乎是没有希望了。那些佳丽们大都身材瘦削，颇具骨感美，可爱的婴儿肥正是你与众不同的风格，使你能够凸显出来。遗憾的是你没有看到自己的这一优点，反而去效仿他人，所以，你注定失败。"经纪人用无法掩饰的懊悔口吻说。结果不出这位经纪人所料，艾丽莎在决赛中败下阵来。

即使你是一个天赋非凡的人，如果你忽视或故意掩饰自己的独特个性，盲目去效仿别人，最终只能沦为追随他人的牺牲品。做盗版的别人，还是正版的自己？当你为自己的人生做抉择的时候，一定要静下心来好好思考这个问题。

下面，让我们来看看索菲娅·罗兰的故事。

索菲娅·罗兰是意大利的著名影星，自1950年从影以来，已拍过六十多部影片，她的演技炉火纯青，曾获得1961年度奥斯卡最佳女演员奖。然而，当她抱着演员的梦想刚到罗马时，很多人都给出了否定的意见，原因就是她的个子太高、臀部太宽、鼻子太长、嘴太大、下巴太小。

制片商卡洛对索菲娅说："如果你真想干这一行，就得把鼻子和臀部'动一动'，如此你就像意大利式的演员了。"尽管索菲娅·罗兰很想从事这一行，但她断然拒绝了卡洛的要求。她说："我为什么非要长得和别人一样？鼻子和臀部都是我身体的一部分，我想要它们一直保持现在的样子。"

索菲娅·罗兰没有放弃自己的理想，她决心不依靠美貌，而是依靠内在的气质和精湛的演技来获胜。最终，她成功了！那些关于"鼻子"、"嘴巴"、"臀部"等的非议也消失了，这些特征反倒成了美女的新标准。在20世纪将要结束的时候，索菲娅·罗兰还被评为20世纪"最美丽的女性"之一。

后来，索菲娅·罗兰在其自传《爱情和生活》中写道："自开始从影以来，我就出于自然的本能，知道什么样的化妆、发型、衣服和保健最适合我。我谁也不模仿，我从不去奴隶似地跟着时尚走。"

索菲娅·罗兰始终知道自己是谁，充分认识到自己独一无二的地位，勇敢地面对自己的不同、认同自己的不同，甚至是欣赏自己的不同，最终形成了她独特的风格，甚至后人都以她的美为标准。

人生其实就像一个舞台，也许你天生一副笨嘴笨舌的样子，那是你的本色，何必忧心忡忡？大树有大树的风采，小草也有小草的可爱。山鸡披上孔雀的羽毛，不是凤凰；小鸭学着天鹅的嗓子鸣唱，也永远成不了歌王。

当你有模仿别人的想法时，也许你暂时还不知道自己内心到底在追求什么，没有找到适合自己的角色。那么，现在就请你静下心来问问自己：是想做盗版的别人，还是做正版的自己？相信你心中已经有了答案。那么就从现在开始，不要浪费一分一秒为自己不是别人而苦恼，保持自我本色和自我风格吧。

最后，我们不妨想想卡耐基告诫我们的幸福道理："发现你自己，你就是你。记住，地球上没有和你一样的人……在这个世界上，你是一种独特的存在。你只能以自己的方式歌唱，只能以自己的方式绘画……"

不要浪费一分一秒为自己不是别人而苦恼，每一个生命都以独特的姿态存在着，你不可能成为别人，更没有必要成为别人，也不可能被任何人所代替，保持本色才是最大的成就。永远不要忘记这一点。

你是自己的

美国著名心理学家马斯洛认为，每个人都有归属和自尊的需要。表现在每一个个体身上，就是每个人都希望能得到别人的认可，希望别人能给自己肯定和积极的评价。这就不难理解，有些人为何希望活在别人的掌声中。

活在别人的掌声里固然是一件值得肯定的事情，但每个人的主观感受不同，即使我们千般小心、万般在意，也照样会有人不满意，难以赢得所有人的欣赏。如果为此费尽心机，小心翼翼地行事，很容易搅乱自己的心，失去应有的目标和方向。

有这样一个人，他一心一意想升官发财，可是从风华正茂熬到白发斑斑，却还只是一个不起眼的小小公务员。这个人整天都郁郁寡欢，每次想起自己的一生就掉泪，有一天竟然号啕大哭起来。

这时，一位新同事刚来办公室工作，觉得很奇怪，便问他到底为何如此难过。他回答道："唉，你有所不知。年轻的时候，我的上司爱好文学，我便学着作诗、学写文章，想不到刚觉得有点儿小成绩了，却又换了一位爱好科学的上司。我赶紧开始研究物理，不料上司嫌我资历太浅，还是不重用我。后来，换了现在这位上司，我自认文武兼备，人也老成了，谁知上司喜欢青年才俊，我……"

"我一直想得到上司的欣赏和重用，为上司们活了一辈子，但是……"说着，这个人又禁不住地哭泣起来，"如今我年龄渐高，过不了几年就要退休了，但是却一事无成，你说我怎么不难过？"

可见，为了得到别人的掌声而处心积虑地为别人而活，如此没有自我的生活是索然无味的、苦不堪言的。即便故事中的这个人最后获得了上司的重用，他的心也是不得轻松、没有快乐感的，因为他根本不清楚自己内心的真正追求。

这如同我们疯狂地转动舞步，一刻不停，在众人的喝彩声中终于以一个优美的姿势为人生画上了句号，但是内心不确定这样做的意义，这一路的风光和掌声，最后带来的只会是说不出的空虚和迷茫、疲惫和厌倦。

人生就像一场戏，你应在乎的不是观众，而是你自己所扮演的角色。

既然如此，在做人生抉择的时候，我们很有必要让自己静下心来，确定一下自己内心里到底想追求什么。是为了获得别人的掌声，背着沉重的包袱踏上人生之路，还是活出自己真实的样子，享受自由自在的快感？

身体是自己的，生命是自己的，灵魂是自己的，人生也是自己的，既然都是自己的，我们完全没有必要在意别人的认可、赞同与肯定，更没有必要活在别人的眼光里。

暖心小语

> 身体是自己的，生命是自己的，灵魂是自己的，人生也是自己的。

一天，一位妇人到服装专卖店，花了几百元买了一套名牌内衣。有人问她，买这么高档的内衣穿在里面，别人又看不到，岂不可惜？她淡淡地回答："我穿衣服是为了自己舒服、自己高兴，又不是给别人看的。"

"我穿衣服是为了自己舒服、自己高兴，又不是给别人看的"。只要自己穿着舒服、穿得舒心，完全没有必要获得别人的认可、赞同与肯定，内心淡然坚定、坦然自若，这种自我肯定是相当重要的。

别人的目光纵有千千万，也比不上对自我心灵的诚实。不必太在乎别人的掌声，自己决定自己的生活，如此才不致在迷失自我的泥沼中团团转，才能演绎出自己的真实，才能绽放泰然自若的华彩。

别人怎么看你那是别人的事，有时你明明已经很努力了，可别人还是觉得不好，你不能一辈子为别人而活吧？尽管有些人对你来说确实很重要，但有时你越想好好表现，结果可能会越糟糕，岂不是更加费力不讨好？

记住，你才是自己的主人，你对自己的人生有决定权。不必在乎别人的眼光，不必苛求别人的赞赏，敢于唱出心灵深处最真诚的呼唤，笃定地、踏踏实实走好每一步，才能爽爽朗朗地收获属于自己的幸福。

拿好自己的乐谱

即将踏入成功的大门时,那一步如何才能迈下去,总是使我们难以抉择、备受困扰。这时候,许多人往往习惯向别人求救,希望别人能够给自己提供一些参考意见。

做抉择时,听取别人的意见是有必要的,但是如果我们不能静下心去独自思考,不能明辨是非,就会给人留下平庸无能、随波逐流,甚至是阿谀奉承的坏印象,也会因此迷失真正的自我而陷入困顿。

一个农夫与儿子一同赶着一头驴到附近的市场去做买卖,没走多远,父子俩就看见几个路人对他们指指点点,其中一个人大声喊道:"你们见过像他们这样的傻瓜吗?有驴子不骑,宁愿自己走路。"听到这话,农夫心想也是,便立刻让儿子骑上了驴,自己则在后面跟着走。

走了一会儿,他们又遇见一群老人,只听他们哀叹道:"你们看见了吗?现在的老人可真是可怜。看那个孩子自己只顾骑着驴,却让年老的父亲在地上走路。"农夫听到这话,就连忙让儿子下来,自己又骑上去。

走了一半的路程时,父子俩又遇上一群孩子,几个孩子七嘴八舌地乱喊乱叫着:"嘿,你们瞧那个狠心的爹,他怎么能自己骑着驴,让自己的孩子跟着在后面走呢?"农夫听罢,又立刻叫儿子上来,与他一同骑在驴背上。

快到市场时，又听到有人说："哟，这驴多惨啊，竟然驮着两个人，真怀疑这是不是他们自己的驴。"另一个人插嘴说："哦，谁能想到他们这么骑驴啊，瞧驴都累得气喘吁吁了，这样的驴哪有人肯买啊。"

听罢这话，农夫对儿子说："怎么骑驴都是错，依我看，不如咱们两个驮着驴子走。"于是，他和儿子急忙从驴上跳下来，用绳子捆上驴的腿，找了一根棍子将这头驴抬起来，卖力地向前赶路。

当父子俩使出了浑身的劲儿将这头驴抬到闹市入口的小桥上时，又引起了桥头上一群人的哄笑。驴子受了惊吓，挣脱了捆绑，撒腿就跑，不想却失足落入河中，淹死了。农夫最终空手而归，既懊恼又羞愧。

如此把这样的故事讲出来，似乎十分可笑。然而，这种任由别人支配自己行为的事情并非只在故事里出现。在生活中，要处理一件事情，张三说应该这么做，李四说应该那么做，隔壁的王大妈、看门的李大爷也都出来搅和，这时候如果你不能静下心来仔细思考，很容易会思想混乱、六神无主，否定自己本来已经成熟的想法，改变自己的行为，如此离成功只会越来越远。

因此，面对关乎个人发展的抉择时，我们最需要的是静下心来，应该问问自己："我是怎么想的？""我这样做对吗？"真正坚定和关注自己内心的想法，不盲目地听从别人的意见，不能像"墙头草"一般地摇来摆去。

综观那些有所成就的人，不论是做人还是做事，他们在做各种抉择的时候，都会静下心来独立思考，并坚持自己的立场与观点，而不被别人的意见左右。比如，世界著名音

暖心小语

坚定自己内心的想法，你认为是对的，就不能随波逐流。

乐指挥家小泽征尔就是这样一个人。

一次,小泽征尔去欧洲参加一次世界级的指挥家大赛。决赛中,他被安排在最后一个参赛,评判委员会交给他一张指挥乐队演奏的乐谱。当他拿到评委交给他的乐谱之后,稍做准备就全神贯注地指挥起来。

突然,小泽征尔发现乐曲中出现了一点儿不和谐,他以为是乐队演奏错了,就停下来重新指挥演奏,但还是不行。"是不是乐谱错了?"小泽征尔问评委们。在场的评委们都郑重声明乐谱没问题,而是小泽征尔的错觉。小泽征尔又仔细看了看乐谱,坚信自己的判断是正确的。听从评委们的意见,按照错误的乐谱演奏下去吗?小泽征尔考虑再三,说道:"不!一定是乐谱错了!"

话音刚落,评委们立即报以热烈的掌声。原来,这是评委们精心设计的"圈套"。前面的选手们虽然也发现了乐谱的错误,但在遭到评委们的否定后就不再坚持自己的意见,只有小泽征尔坚信自己的判断,最终小泽征尔摘取了这次比赛的桂冠。

不因他人的评议而对自己心生怀疑,不因他人的评议而改变真实的自我,这是一种坚持主见的个性。"不!一定是乐谱错了!"小泽征尔的主见令人震撼,又怎能不像磁铁一般紧紧地吸引着别人的目光和心灵呢?

卓越者总是曲高和寡,平庸者往往附和大众。坚持主见的过程,就像凤凰必须在烈焰中重生一样,要经历残酷的身心考验。做人有主见难,能够坚持主见更是难上加难,这就更需要我们在开始时静下心来,确定内心真正追求的东西。

生活在这个纷繁复杂的红尘世界，人随时随地都会面临选择。如果想要做到不人云亦云、不随波逐流，不跟在别人的屁股后面走，你就必须静下心来，认真地想想自己内心的追求，学会自己做决定、自己对自己负责。

　　有主见的人忠于自己、相信自己，不会随波逐流、人云亦云，他们会为自己的心灵做主，做自己心灵的主人。你想为自己的心灵做主吗？把自己培养成一个有主见，并且敢于坚持主见的人吧。

梦想的翅膀不能被折断

记得有一首歌是这样唱的："越长大越孤单，越长大越不安，也不得不看梦想的翅膀被折断……"你的心中有梦想吗？把你的梦想罗列出来。你曾为自己的梦想而努力打拼过吗？你的梦想破灭过吗？

梦想是一个人内心里对自己、对人生的一种希望。人的心底藏着各种梦想，只是有的人敢于抛开一切去实现自己的梦想，而有的人心里面却有着更多的牵绊，使梦想慢慢地后退，一直退到心的最底层的角落。

的确如此，现实生活中，有人会说现实些，安安稳稳过日子才是真，不必去追求那些梦想；有人会无奈地摇摇头说梦想终究只是办不到的空想；有人甚至干脆嘲笑说梦想不过是小孩子的狂妄。

如果你也这样想的话，那么你的生活将像一潭死水，无聊枯燥，看不到希望。这绝对不是危言耸听。梦想是什么？梦想是一个人内心里对人生、对自己的一种希望，因为梦想的存在，人会奋发向上、积极追求。

是坚持梦想，还是放弃梦想，这是一个重要的人生抉择。新东方董事长俞敏洪就曾说过这样一段经典的话："每一条河流都有自己不同的生命曲线，但是每一条河流都有自己的梦想，那就是在转弯处奔向大海。我们的生命有的时候是泥沙，你可能慢慢地就会像泥沙一样沉淀下去了。一旦你沉淀下去了，也许你不用再为了前进而努力了，但是你却永远也见不到阳光了。"

因此，在梦想面前，你必须静下心来想一想：是要把梦想当成对自己一生的"承诺"，严肃而认真地去面对它、实践它，还是忽略或丢弃梦想，追求每天的安稳生活，甘于现状、麻木不仁，让生活缺乏色彩？

每个人都应该有自己的想法、有自己的追求，同时也有追求梦想的权利。有目的地生活才是快乐的。如果没有梦想、没有追求，再好的生活有什么意义呢？这就好比一颗失去光芒的钻石，你认为如何呢？

一个真正善待自己的人，永远都明确自己心中真正想要的东西是什么。善待自己的梦想，追求自己的梦想，并用梦想陶冶自己的情操，将灰色的现实加上粉色的底片。无疑，这种人是懂得生活乐趣的，也更能赢得众人的欣赏。

下面，我们来分享一个故事。

美国服装业巨子雷夫·罗伦，他所创立的Polo服饰王国创下了快速成功的典范。罗伦从小就喜欢做梦，但是他从不做白日梦。他像一个爱美的女孩一样希望能穿上显得自己漂亮的衣服。

当别的孩子肆意玩耍时，罗伦会将更多的心思放到服装上。他细心研究父母、自己的衣服，研究衣服的质地、细纹、设计等。渐渐地，他拥有辨认皮夹克好坏、真伪的本领了。上中学时，罗伦用辛辛苦苦积攒的钱为自己买衣服，不断地培养自己

暖心小语

有梦的日子总是好的，至少我们在有意义地活着。

对服装的了解。

进入服装界的梦想一直在罗伦脑海中盘旋，尽管他缺乏专业素养，但凭借自己高超的鉴赏能力，毕业后他获得了一家领带制造公司的重用，得到了展示自己设计才华的机会，并赢得了同行的赞誉。

后来，在朋友的提议下，罗伦和朋友合资建立了 Polo 时装公司。罗伦有了发挥才华的空间，他的设计很快就赢得了当时年轻人市场的肯定，进而掀起一股流行狂潮，Polo 也从此成为男装革命的急先锋。

没有地位、没有专业背景的雷夫·罗伦是凭借幸运才获得了发展事业的机会，成为最具影响力的设计师吗？答案是否定的。是梦想给了雷夫·罗伦坚定的信念，带领他飞跃平淡和困苦，到达成功的彼岸。

人类所具有的种种力量中，最神奇的莫过于梦想的能力。我们的生活会因为梦想而改变，我们日后能够取得多大的成就也与梦想息息相关。当我们做出决定的那一刻，命运也就注定了。功成名就者与碌碌无为者的主要区别正在于此。

因此，当你因为生活的烦琐、处境的艰辛，需要做出坚持还是放弃梦想的抉择时，请静下心来想一想，明白这样一个道理：人生是一场以梦想做赌注的赌局，一个人除非怀有自己的梦想，并且乐意去做，命运才能得到转机，否则做不出什么大事。

坚持自己的梦想吧！也许，你的梦想听起来并不够伟大和崇高，但只要你坚定了它，那么你就会变成积极的、充满自信和斗志的人，你将获得成长的持久动力，成为自己精神世界的绝对主角。

值得一提的是，梦想不是喊口号，从梦想开始的那一刻开始，就要付诸实实在在的行动。做一个坚持梦想的人，把梦想当成对自己一生的"承诺"，严肃而认真地去面对它、实践它吧。

专注于眼下的事

一个人的精力有限、时间有限,在有生之年能找准自己要做的事情已经不容易,更不容易的是能抗拒潮流的冲击、摆脱外物的诱惑,专心地将自己的事情做下去,哪怕一生只做好一件事。

有一个令人深思的漫画:一个人在凿井,凿一处,还很浅,没有见水就换一处;又凿了,很浅,还没有见水,就再换一处……他一连凿了好几处,都没有见水。另一个人在一处凿井,一直凿下去,终于见到了水。

目标不够专心,东一榔头,西一棒子,再松软的土地也找不到水源,不如赶紧沉下心来,坚持不懈地凿一口井。这正如罗曼·罗兰所言:"与其花许多时间和精力去凿许多浅井,不如花同样的时间和精力去凿一口深井。"

接下来,我们不妨来看一个故事。

亚马孙河边的清水吸引来了大量的斑马,它们尽情地享受着大自然的恩赐,然而,它们不知道的是,这里潜伏着巨大的生命危机。一只饥饿的雄狮正在不远处的草丛中缓慢地向这里靠近。突然,雄狮像箭一样急冲出去,凶狠地向一只未成年的小斑马扑去。

斑马群受到了惊扰,四散开来,慌不择路地逃跑,有的甚至就在雄狮的身侧,但是雄狮的眼睛始终没有离开自己锁定的猎物,对那些靠它很近的斑马却像没看见一样,一次次放过。终于,那只斑马由于疲于奔命、体力不支,最后被凶悍的雄狮扑倒了。

雄狮为什么不放弃先前那只斑马,而改去追离它更近的斑马呢?因为雄狮和被追逐的斑马都已经跑得精疲力竭了,而其他的斑马并没有跑累。如果雄狮在追赶途中改变目标,追赶精力充沛的斑马,转瞬之间就会被甩到身后。紧盯一个目标,目标专一,是雄狮在残酷的动物世界中的生存之道,也是它们在捕猎中屡屡得手的法宝。

就像雄狮追赶猎物的过程一样,在生活中,我们也经常能够遇见一些让人心动的诱惑,这时候,我们需要让沸腾的心沉静下来,好好想一想自己内心到底要追求什么,自己真正想要的是什么,而专心于某一个方面。

在滚滚红尘中,急于成功、不甘寂寞的人太多了,不少人左顾右盼,看见别人做什么有前途,或者遇到点儿什么诱惑,就立马丢下自己手中的事,这样三心二意、朝三暮四,最终只会一事无成。

成功不是什么复杂的事情,最重要的就是你要能够收住心,专心于一件事情。不少人都知道"水滴石穿"的故事,水本来是世间至柔之物,但是当水专注的时候,一滴一滴落在石头上,再坚硬的石头也会被砸出坑洞来。

暖心小语

用"水滴石穿"的精神去做事,就能获得成功的人生。

20世纪80年代,有一位在国内有一定影

响力的花鸟画家，他 16 岁时就举办了个人画展，其多幅作品被选送至日本、意大利、美国、法国、苏联等国展出，被誉为"画童"、"小天才"。

一次画展招待会上，有人问画家："现在的画家很多，你是如何从众人中脱颖而出的呢？其间的过程是不是很不容易？"

画家微笑着摇摇头，回答："一点儿都不难，而且我差一点儿当不了画家，小时候我兴趣非常广泛，也很要强。画画、游泳、拉手风琴、打篮球，必须都得争第一才行。这当然是不可能的，有段时间我心灰意冷，觉得前途渺茫。"

众人都很好奇，画家解释道："老师知道后，找来一个漏斗和一捧玉米种子，让我把双手放在漏斗下面接着，然后捡起一粒种子投到漏斗里面，种子便顺着漏斗滑到了我的手里。老师投了十几次，我的手中也就有了十几粒种子。然后，老师一次抓起满满的一把玉米种子放在漏斗里面，玉米种子相互挤着，竟一粒也没有掉下来。"

顿了顿，画家接着说道："经老师提点后，我放弃了游泳、篮球等，这大半辈子都只坚持学习画画，这也许就是我画画比较好的原因吧。我想，如果我当初什么都学习的话，可能现在我什么都不是。"

在选择自己的前途道路时，这位画家既学习画画，又学游泳、拉手风琴等，结果觉得前途渺茫，不知道自己要走哪条路。后来在老师的指点下，他开始专心于画画这一件事，并将之作为终生的奋斗目标，最终在美术界出类拔萃、出色当行。

有的人一辈子做了很多事儿，却没有一件能让人记住的；但有的人一辈子只做了一件事儿，就让人记住了。这就是说，在做人生选择的时候，静下心来选择，专注地做好某件事情，远比什么都想要、见异思迁或是四面出击要聪明很多。

从现在开始，让沸腾的心沉静下来，找一个能充分发挥能力的平台，专心做好自己手头的工作，不让其他事情扰乱心神。只要我们能够保持这种状态，就能造就出令人惊叹的成就，获得成功的人生。

熊掌和鱼，总有一个要舍弃

人的一生中会面临数不胜数的各种选择，左右为难的情形会时常出现。是左是右、是取是舍，经常会把人推入矛盾、纠结，乃至无助、绝望的边缘，人们因为有多种选择而变得难以抉择，心生苦恼。

但是，当我们静下心来，冷静而准确地认识自己、认识环境，能够理性、客观地规划自己的理想与生活的时候，未来的视野即将会展现出另外一种截然不同、豁然开朗的景致，抉择就不再那么复杂了。

尽管抉择是一个痛苦选择的过程，但"鱼与熊掌不可兼得"。明确自己内心追求的东西，知道孰是孰非、孰轻孰重，为了得到熊掌而拿出鱼，有舍才会有得，这是保持生命得以延续的智慧，也是我们获得内心平衡的好方法。

试想：想获得清闲而辞职在家，但是又害怕因无所事事而失落；为了得到高薪，想寻觅到一份好工作，但是又担心责任太重、压力太大……如果总是这样患得患失，又怎能让自己的内心获得平静，收获快乐呢？

明白自己应该坚持什么，又该放弃什么，这是一种大格局的果敢和胆识。因此，当我们面临抉择时，要静下心来想一想：自己内心到底在追求什么，"两弊相衡取其轻，两利相权取其重"。

大学毕业后，成绩优秀的杜嘉得到了出国进修的机会，同时一家全国500

强的大公司也向他抛出了"橄榄枝",承诺提供给他一份专业对口、待遇优厚的工作。留学与工作都是好事情,杜嘉开始惆怅起来,不知道该如何选择了。

出国进修的机会太难得了,但是各方面的投入太大了,自己的家庭条件并不是很好,经济负担会很大,而且出国回来后可能找不到这么令自己满意的工作,变为"海待"。目前这份工作可以让自己获得很好的发展,而且还能让父母过上衣食无忧的好生活。

不过,杜嘉是一个聪明的人。"我到底想要什么呢?"他一次次地这样问自己。最终,他确定留学是自己一直梦寐以求的梦想,也是大部分人人生成长最快的一段经历,不能用金钱回报来衡量。于是,他毅然放弃了待遇优厚的工作。

在留学的三年时间里,杜嘉在当地圈子里结交了很多朋友,他收集了更多元化的信息,思考、沟通、谈判能力都得到了很大的提高。毕业后他回国自主创业,如今已然硕果累累。而且,他再也不会为选择所累,不再为放弃所伤。

古人云:"鱼,我所欲也,熊掌,亦我所欲也,二者不可得兼,舍鱼取熊掌者也;生,我所欲也,义,亦我所欲也,二者不可得兼,舍生取义者也。"静心想想自己内心追求的东西,明确孰是孰非、孰轻孰重,你必然就知道该如何选择。

有了这样的认识后,面对纷繁复杂的世界,在进行抉择的时候,我们不要总是想着让自己多得到一些,纠结于得与失的比较中,要

暖心小语

明确自己内心追求的东西,抉择起来就不难了。

懂得果敢地放弃和义无反顾地选择，这是勇者与智者的修炼。

抉择时静下心来，把握舍与得的机制和尺度，为了得到熊掌坦然地舍弃鱼，如此我们便能获得内心追求的东西，心中的不平衡自然也就会减少，甚至消失，以快乐和愉悦的心情生活，并且把握住人生的钥匙和成功的机遇。

清楚自己内心的追求，"两弊相衡取其轻，两利相权取其重"，从容地有所放弃、有所选择，在不安定的纠结中觅得坦然的平静。

第八章
涌一抹欣喜，自有一路柳暗花明

人生是一场经历痛苦的旅行，没有痛苦地蜕变，就没有羽化成蝶的美。即使痛，也会发现惊喜。

遗憾可品，且意味深长

当事实出现与心愿不一致的结局时，遗憾便产生了。遗憾是一种无奈和惋惜，字典上的解释是"不称心"、"非常惋惜"。面对遗憾，有些人会、备感心碎，爱将"遗憾"两字挂在嘴边、刻在心坎儿上。

其实大可不必这样，沉浸在遗憾中，一遍遍地问天问地，这样只会将遗憾放大。后果是什么呢？加重你的痛苦。这正如印度诗人泰戈尔所说："如果你因为错过太阳而哭泣，那么你也将错过星星。"

更何况，不如意之事十有八九，我们每个人的一生中或多或少地总会留下一些遗憾。我们无须怨天尤人，不如静下心来好好地数数上天给自己的恩典，在最短的时间内接受它且善待它，不遗憾，快乐便会很近。

如果说人生是一本书，遗憾就是一串串省略号，于空白之处蕴涵深刻的哲理；如果说人生是一出音乐剧，遗憾就是一个个休止符，于无声之中酝酿着新的活力，一瞬间的寂静凝聚起下一个乐章的序幕。缱绻人生，遗憾是一份不错的答卷。

李白才高八斗，却仕途不顺、屡遭排挤是遗憾的，然而正是因此，他拥有了"五花马，千金裘，呼儿将出换美酒"的豪情，"安能摧眉折腰事权贵，使我不得开心颜"的洒脱，让多少文人墨客心向往之；陶渊明抛官弃职、归隐田园是令人遗憾的，然而却换来了他"采菊东篱下，悠然见南山"的飘逸，让人怦然心动。

生活中的很多事情也是如此：只有品味到分离的相思之苦，才能领略到相聚后的幸福甜蜜；只有遭遇过疾病的折磨，才能显示出健康的重要。

弗朗西丝卡是美国艾奥瓦州一位农夫之妻，她贤淑、善良，和丈夫、一对儿女在自己拥有的农场里过着普通而平静的日子，既没有特别令人揪心的事，也没有令人激动万分的事。这种状况一直延续到她遇到罗伯特·金凯为止。

罗伯特·金凯是个天才摄影家，在一个夏日来到弗朗西丝卡所在的农庄附近，为的是拍摄当地的一座颇有历史的廊桥——罗斯曼桥。偶然间，弗朗西丝卡成了罗伯特的领路人，当时她的丈夫和儿女正巧不在家，时间和空间为这对中年人提供了滋生爱情的条件。

在短暂的四天时间里，弗朗西丝卡和罗伯

暖心小语

遗憾是人生的音符，人生因有了遗憾而完整。

特·金凯迅速坠入爱河中。他们一起到廊桥去拍摄美丽的风景、一起吃着烛光晚宴、一起就着音乐翩然起舞……总之,他们忘记了一切,共沐爱河。

然而,罗伯特·金凯的工作性质注定他云游四海、漂泊四方,不可能像普通人那样过居有定所的生活;弗朗西丝卡有自己的丈夫和儿女,她不可能为了他而抛弃这一切。最后罗伯特·金凯带着遗憾走了,然而自此将双方留在了彼此的心中。

这就是著名电影《廊桥遗梦》的故事,男女主人公的爱情故事没有一个圆满的结局,此后半生都要抱着深深的遗憾生活,正是这种缺憾,那份情义才越发显得弥足珍贵,既浸入骨髓又超然永恒,感动了千千万万的观众。

试想,如果当初弗朗西丝卡选择了抛夫弃子,随罗伯特·金凯私奔他乡,相伴一生、白头偕老,这个故事也就落入了普通得不能再普通的移情别恋的俗套,又何来浪漫而刻骨铭心的爱情经典?

遗憾会留下一个个苍白、空虚的印记,彰显出悲壮之情,可以是痛苦的煎熬,但只要你静下心来,学着看淡一点儿,你会发现悲壮之余会带给你更多、更深刻的感悟,有令你一生也无法忘怀的东西。

因此,遗憾并不可怕,可怕的是不放弃遗憾、终生为遗憾所累。智慧的人总会在遗憾的时候静下心来,平复和化解心中的遗憾之殇,细细地品味遗憾之美,如此深深的痛苦也不会来光顾心房了。

遗憾也值得品味?是的,遗憾可品,且意味深长。就像世界名作维纳斯至今流芳万代,正是因为她断臂的"缺憾",才产生了震撼人心的力量,留住了卓绝于世的美丽,成就了独一无二的经典。

遗憾不是失意，它是另一个方向上的成就；遗憾不是放弃，它是另一种意义的收获；遗憾不是软弱，它是另一种形式的伟大。静下心来看淡遗憾，与之相拥，坦然对之，犹如时时的情感抒怀，相信遗憾就不成为遗憾了。

总之，人生是一份没有答案的问卷，苦苦地追寻并不能让生活更圆满，相反越是有遗憾的地方，越容易迸发出勃勃的生机。不必苛求人生处处圆满，留有一点儿遗憾，会让人生更隽永，也更久远。

把快乐画上去

有一只兀鹰,猛烈地啄着一位村夫,村夫的靴子和袜子被撕成了碎片,兀鹰更狠狠地啃起村夫的双脚来。而村夫则趴在地上,以一副痛苦不堪的表情看着自己的双脚慢慢流出红色的鲜血,默不作声地忍受着疼痛的折磨。

这时有一位绅士经过,不禁驻足问村夫:"你为什么要忍受兀鹰啄食呢?"

村夫答道:"你有所不知,我也是没有办法啊!这只兀鹰刚开始袭击我的时候,我曾经试图赶走它,但是它的力量太大了,真的太可怕了,它几乎要啄食我的脑袋,因此我迫不得已,才让它啄食双脚呀!"

绅士说:"你只要一枪就可以结果它的性命呀!"

村夫强忍着被撕扯的痛苦,呻吟着:"真的吗?那么你助我一臂之力好吗?看见了吗?我的枪就在那棵树底下,你过去拿枪吧。当然,如果你不肯帮忙也没有关系,因为无论如何,我都会忍下去的。"

"我很乐意。"绅士飞快地跑去拿枪。但就在绅士转身的瞬间,兀鹰将头部后仰,蓦然把它的利喙啄向村夫的咽喉,深深插入。村夫最终扑倒在地死了。令人稍感安慰的是,兀鹰也因太过用力,淹溺在村夫的血里。

看完故事，相信很多人会发出这样的疑问："村夫为什么不自己去拿枪结果兀鹰的性命，却宁愿像傻瓜一样忍受兀鹰的袭击？"但是，当得知这里的兀鹰只是一个比喻，象征着萦绕人生的痛苦，就不难理解了。

在现实生活中，其实很多人会不知不觉地像村夫一样，沉溺于各种痛苦中不能自拔，甚至"爱"上自己的痛苦，宁愿藏身在自铸的痛苦"牢笼"中，也不愿亲手毁掉它，尽管那只是举手之劳而已，结果内心被痛苦充斥，活得既痛苦又乏味。

但是，痛苦并非必然的结果，痛苦是心灵的自我囚禁，每个人都应该自觉地呵护自己的心灵，别让它承受痛苦的煎熬。所以，当你感到被痛苦羁绊的时候，不妨学着让自己静下心，以一颗豁达乐观的心凌驾于痛苦之上，果断地"枪毙"你的痛苦。

的确，生活中有很多无奈，我们也会罹患很多不幸和痛苦，我们不能控制际遇，却可以掌握自己的生活；我们无法调整生命的长度，却可以增加生命的厚度；我们左右不了天气，却可以控制自己的心情。正如一位哲学大师所说："生命本身是一张空白的画布，随便你在上面怎么画。你可以将痛苦画上去，也可以将完美的快乐画上去。"

暖心小语

生命本身是一张空白的画布，随便你在上面怎么画。你可以将痛苦画上去，也可以将完美的快乐画上去。

快乐之神化作常人来到凡间，他看到一个人身穿破破烂烂的衣服，在寒风冷雪中给别人做苦工，还要忍受雇用者无情的责骂。快乐之神很同情这个人，便帮助他完成了工作，并将一袋粮食送给了他。

为了表达感谢，这个人便邀请快乐之神到

自己家做客。快乐之神看到虽然这家人穷得只剩光秃秃的四面墙了，但他们全家人并没有为此愁眉不展、痛哭流涕，相反，孩子们在笑声中玩耍、大人们在笑声中劳动，家里到处都洋溢着欢笑声。

快乐之神大感不解，就问穷人："你们的生活并不如意，有什么可高兴的？"

这个人放下手中的活，看着快乐之神，慢悠悠地说："的确，我们生活的方方面面都不如意，但是能怎么样呢？每天怨天尤人，让自己生活在痛苦不堪中吗？不！那样你就会永远也体验不了生活的意义。但是我们学会享受生活的乐趣，因此便少一点儿痛苦，多一点儿快乐，我们并不比别人不幸。"

生活原本就变化莫测，在这种变化中，痛苦在所难免。但是，生活还得继续，我们没有必要带着痛苦生活下去，任何人都不能替你走出痛苦的困扰，你只能自己主动地、果断地"枪毙"你的痛苦。

在荷兰首都阿姆斯特丹，有一座15世纪的教堂废墟，上面刻着这样一行字："事情是这个样子，就不会是那样。在痛苦的泥潭里不能自拔，只能与快乐无缘，你得自己挥动告别痛苦的手。"

记住，当你觉得自己的生活痛苦不堪，似乎全世界的重担都压在自己肩膀上时，静下心来"挥动告别痛苦的手"，果断"枪毙"你的痛苦，如此你就能获得积极乐观的心态，快乐地迎接人生的挑战。

事实上，痛苦时静下心来后，你会发现这些痛苦其实没有多么可怕，大多只存在于自我的幻想中。生活中99%的烦恼都是不会发生的，我们之所以感到痛苦，是因为自己幻想了太多痛苦的事情。

布莱克·伍德的生活几乎是一帆风顺的。但是，1943年夏天，因为战争的到来，世界上绝大多数的坏事几乎在一时间都降临到布莱克·伍德的身上，令他苦不堪言。

他所办的商业学校因大多数男生都应征入伍而出现了严重的财务危机。他的大儿子也在军中服役，生死未卜。和天下所有的父母一样，他无时无刻不在为他而担心，责骂战争。他的女儿马上就要高中毕业了，上大学需要一大笔学费，可他却是囊中羞涩。他的家乡一带要修建机场，土地与房产基本上属无偿征用，赔偿费只有市价的1/10……

因为这些事情，布莱克·伍德整日都觉得心里像压着一块石头，没日没夜地苦想对策。一天，他坐在办公室里把这些事情一条条地写下来，又开始了冥思苦想，却束手无策，最后只好把这张纸条放进抽屉。

后来，布莱克·伍德说："我痛苦了那么长时间，结果政府开始拨款训练退役军人，我的学校不久就招满了学生；我担心自己的儿子在战争中受伤，可最后他毫发无损地回来了；我担心女儿的教育经费凑不齐，可她因成绩优秀被中学保送上大学；我担心土地被征用去建机场，可后来因为住房附近发现了油田，我的房子没有被征收。"

根据自己的经历，布莱克·伍德得出了一个结论："其实，99%的预期烦恼是不会发生的，为了根本不会发生的情况而痛苦不堪、饱受煎熬，真是人生的一大悲哀！"后来，他据此写成了《99%的烦恼其实不会发生》这本书。

由此可见，生活中99%的预期烦恼都是不会发生的。我们其实没有必要那么痛苦，而且只要静下心来看淡一点儿，你就会发现痛苦不值一提，而快乐就在身边，由此内心将不再被痛苦充斥，从而抱着一颗自由的心奔向成功。

因此，明白了这些道理后，下次当你感觉痛苦的时候，不妨告诉自己："我怎么知道我所担心的事情就真的会发生？现在我不要想那些令自己痛苦的事情，而且痛苦没有多么可怕，我要快乐一点儿……"

将痛苦埋葬

人生不如意之事十有八九，每个人都有痛苦的时候，此时你都在想什么呢？整天愁着一张脸，甚至天天悲痛万分、以泪洗面？可这样有什么用呢？不仅浪费时间和精力，而且老天爷又不会听你的，于事无补。

那么，人如何走出痛苦呢？不妨静下心来，给自己一个阳光灿烂的微笑，用你的微笑去面对痛苦。微笑有着神奇的力量，一旦你学会了阳光灿烂地微笑，你就会发现，痛苦顿时变淡了许多，快乐就在身边。

美国有一位哲学家曾经说过："微笑对于一切痛苦都有着超然的力量，甚至能改变人的一生。"微笑是一种一笑而过的气魄和勇气，是一种难得的镇静与豁达，如此，其性也平，其情也安，从而便少了痛苦，多了快乐。这就是微笑的力量。

的确，以开朗的微笑面对痛苦，绝对比绝望而不积极地去解除痛苦有成就感，而且比绝望更令人自信。你会惊喜地发现，痛苦如同冰山一样被消融掉了，快乐变为了生活中永恒的格调，生活充满了无限的美好。

"人不能陷在痛苦的泥潭里不能自拔，遇到可能改变的现实，我们要往最好处努力，遇到不可能改变的现实，不管让人多么痛苦不堪，我们都要勇敢地面对。用微笑把痛苦埋葬，才能看到希望的阳光。"

这段话摘自颇有影响的作家伊丽莎白·唐莉的《用微笑把痛苦埋葬》一

书。伊丽莎白·唐莉曾经是一个生活在痛苦中的女人，不过后来她用微笑将痛苦埋葬，用希望代替了绝望，走过了艰难岁月，让快乐成为生活中永恒的格调。

让我们一起来看看她的故事吧。

"二战"期间，在庆祝盟军于北非获胜的那一天，家住美国俄勒冈州波特南的伊丽莎白·唐莉女士收到了国防部的一份电报：她的儿子在战场上牺牲了。这是她唯一的儿子，也是她唯一的亲人，那是她生命的全部啊。

伊丽莎白·唐莉无法接受这个突如其来的严酷事实，她的精神到了崩溃边缘。她痛不欲生、心生绝望，觉得人生再也没有什么意义，于是她决定放弃工作，远离家乡，然后找一个无人的地方默默地了此余生。

在清理行装的时候，伊丽莎白·唐莉忽然发现了一封几年前的信，那是儿子在到达前线后写给她的。信上写道："请妈妈放心，我永远不会忘记您对我的教导，无论在哪里，也无论遇到什么样的灾难，我都会勇敢地面对生活，像真正的男子汉那样，能够用微笑承受一切不幸和痛苦。我永远以您为榜样，永远记着您的微笑。"

顿时，伊丽莎白·唐莉热泪盈眶，她把这封信读了一遍又一遍，似乎看到儿子就在自己的身边，用那双炽热的眼睛望着她，关切地问："亲爱的妈妈，您为什么不按照您教导我的那样去做呢？"

"是啊，我应该像儿子所说的那样，用微

暖心小语

用微笑把痛苦埋葬，才能看到希望的阳光。

笑埋葬痛苦，继续顽强地生活下去。我没有起死回生的魔力改变现实，但我有能力继续生活下去。"伊丽莎白·唐莉一再对自己这样说，并打消了背井离乡的念头。后来，她打起精神开始写作，著成了《用微笑把痛苦埋葬》这本书，一举成就了她作为一名出色作家的荣誉。

尽管遭遇了巨大的痛苦，但伊丽莎白·唐莉没有盲目地沉溺于痛苦，她静下心来，练习微笑，最终重新拾起欢笑，勇敢地投入新生活的怀抱。她的坚强与勇敢、她的豁达和乐观，深深打动了每一个人。

痛苦是我们人生路途中不能避免的一部分，就像天总会下雨一样。然而，大多数人的苦难比起伊丽莎白·唐莉来所遇到的算是小痛。看到她都能用充满阳光的微笑去面对，我们还有什么理由痛苦呢？

现在，请你对镜自视，镜子里面的那个"他"是不是皱着眉头，一脸苦相，嘴巴紧紧收缩，一副苦大仇深的样子，像是被人偷走了全部家财一样？你瞧，"他"是不是一副痛苦不堪的形象？微笑吧，让痛苦离你远点儿！

微笑是一种境界，达到这个境界依靠的是磨炼；微笑是一种心态，要获得这种心态得益于修养。不过，微笑也是一个非常简单的动作，几乎可以说不费吹灰之力，只需要将嘴角稍稍向上一扬，阳光便射入你的心房。

也许你目前遇到了十分严重的困境，甚至遭遇了前所未有的打击，不必整天愁眉苦脸、悲痛万分。静下心来，用心微笑，你会发现痛苦感逐渐削减，内心多了几分快乐，生活也因此变得轻松了。

微笑是一种一笑而过的气魄和勇气，是一种难得的镇静与豁达，如此，其性也平，其情也安，从而便少了痛苦，多了快乐。这就是微笑的力量。不管现实让人多么痛苦不堪，静下心来上扬嘴角，让快乐成为生活的主旋律吧。

苦难是财富,也是深渊

没有始终波澜不惊的大海,也没有永远平坦的大道,人生的道路也不可能是一帆风顺的。在前进的道路上,每个人不可避免地会遇到灾难、失业、失恋、离婚、破产、疾病等坎坷。

这时候,我们陷入痛苦的情感之中实属自然。但是,若不想让痛苦一直主宰自己的生活,若想在事业上有所建树,你就需要在坎坷中静下心来,调整自己的内心,你会发现坎坷很美,是让自己成长和完美的助推器。

人生如茶,品茶如品人生。凝神观看杯中那沉浮的茶叶,同样是上好的铁观音,用温水沏成的茶,茶叶就轻轻地浮在水面上,没有沉浮,茶叶便不会散发它的清香;而用沸水冲沏的茶,冲沏了一次又一次,浮了又沉,沉了又浮,茶叶就能释放出它春雨般的清幽、夏阳似的炙热、秋风似的醇厚、冬霜似的清冽。

红尘中的芸芸众生,又何尝不是茶呢?那些不经历坎坷风雨的人,就像温水沏的淡茶,平静地悬浮着,弥漫不出生命和智慧的清香。而那些栉风沐雨、饱经沧桑的人,就像被沸水沏了一次又一次的茶,于浮浮沉沉中溢出了生命的一缕缕清香。

由此不难得出这样一个结论:当你遭遇坎坷的时候,不要让自己沉浸在痛苦之中，静下心想想自己可以从中学到什么，感谢坎坷给了你展示生命清香的机会。

由于是家中的独女，自小被父母万般疼爱和照顾，晓梦就像温室里的花朵一样脆弱。这不，她最近因为工作上遇到了些小坎坷，就嚷嚷着不再去上班了，将自己一个人关在屋子里，整天唉声叹气、痛哭流涕。

身为大学教授的父亲突然意识到晓梦之前的生活太顺利了，意志力和承受力过于薄弱，她必须要有所改变才行。但是，父亲没有给晓梦讲那些开悟人的大道理，而是把晓梦带进了厨房，一堂"生活实践课"从此改变了晓梦。

父亲往三个同样大小的锅里装满一样多的水，然后将一根胡萝卜、一个生鸡蛋和一把咖啡豆分别放进不同的锅中，再把锅放到火力一样大的三个炉子上去烧。不到半个小时，父亲将煮好的胡萝卜和鸡蛋放在了盘子里，将咖啡倒进了杯子，微笑地问晓梦："说说看，你见到了什么？"

"当然是胡萝卜、鸡蛋和咖啡了。"晓梦一头雾水。

"那么，你再来摸摸或用嘴唇感受一下这三样东西的变化吧！"父亲说。

晓梦虽然疑惑不解，但还是照做了。

这时，父亲不再微笑，而是十分严肃地看着晓梦说："你看见的这三样东西是在一样大的锅里、一样多的水里、一样旺的火上，用一样多的时间煮过的，可它们的反应却迥然不同。胡萝卜生的时候是硬的，煮完后却变得绵软如泥；生鸡蛋是那样的脆弱，

暖心小语

巴尔扎克："苦难对于天才是一块垫脚石，对于能人是一笔财富，而对于弱者则是万丈深渊。"

蛋壳一碰就会碎，可是煮过后连蛋白都变硬了；咖啡豆没煮之前也是很硬的，虽然在煮过一会儿后变软了，但它的香气和味道却溶进了水里，变成了香醇的咖啡。"

见晓梦似乎仍然不解其意、一脸茫然，父亲便接着说："孩子，面对生活中的坎坷，你是像胡萝卜那样变得软弱无力，还是如鸡蛋一样变硬变强，抑或像一把咖啡豆，全身受损却不断向四周散发出香气呢？简而言之，生活中的强者会让自己和周围的一切变得更加美好而富有意义。"

听了父亲的这番话后，晓梦终于明白了父亲的良苦用心，她红着脸低下头，为自己这段时间的表现而惭愧。从此，无论生活中再遇到什么坎坷的时候，晓梦总是能够快速地战胜痛苦，快乐积极地开始新的每一天。

人逢于世，遭遇凄风苦雨实属自然。对于弱者来说，坎坷是一道难以跨越的门槛，是泯灭意志甚至导致沉沦的深渊；而对于强者而言，坎坷则是磨炼意志的训练场，是助其成长的必经之路。

法国大作家巴尔扎克说过："苦难对于天才是一块垫脚石，对于能人是一笔财富，而对于弱者则是万丈深渊。"伟大的人格无法在平庸中形成，只有历经坎坷的磨难后，视野才会开阔，灵魂才会升华。巴尔扎克的一生的确也印证了这一点。

巴尔扎克虽为贵族出身，但一生坎坷。小时候母亲对他冷漠无情，他不但缺少母爱，并且好像是家庭里多余的人。巴尔扎克后来回忆这段生活，曾愤愤地说："我经历了人的命运中所遭受的最可怕的童年。"

从学校毕业后，为了获得独立生活和从事创作的物质保障，巴尔扎克曾试笔并插足商业，从事出版印刷业，但都以破产告终。从1819年夏天开始，他整天躲在一间简陋寒酸的阁楼里伏案写作，他不仅先后经历过18次退稿，还在与书商打交道的过程中受骗，以致负债累累。为了躲避债务，巴尔扎克不得不多次迁居，他对朋友说："我经常为一点儿面包、蜡烛和纸张发愁，我常像兔子一样四处奔跑。"

经历了太多社会中混乱的人情世故，遭逢过无数的否定和不幸，巴尔扎克的生活几乎是一团杂草，但是他并没有沉迷于这些痛苦的黑暗中，而是默默地体味着生活，从而增加了无限的感悟，积累了丰富的写作素材。与此同时，他继续坚持创作，并且潜心研究哲学、经济学、历史、自然科学、神学等领域，积累了极为广博的知识。这就是为何他的作品集能令人潜心拜读，而他又能够成为伟大作家的奥秘。

不受宠爱、被骗负债、屡遭退稿、穷困潦倒……这些坎坷足以打倒一个人，但是巴尔扎克的一大优点是能在如此不利与艰难的遭遇里静心思索、不屈不挠，他便是被沸水沏开的那壶好茶，因此他走出了纷扰和痛苦，收获了成功与快乐。

3000年前，《孟子·告子下》中就提到了这样的观点："故天将降大任于斯人也，必先苦其心志，劳其筋骨，饿其体肤，空乏其身，行拂乱其所为，所以动心忍性，增益其所不能。"

坎坷是成长的助推剂，是前进的发动机。无须对不佳的际遇、一时的坎坷抱怨，乃至痛苦逃避，静下心来借此丰富自己的阅历、提高自己的能力，你就能将其变成美好未来的前奏，让生命如花般尽情绽放。

人生如茶，用坎坷沏开自己吧。

在坎坷中静下心来，调整自己的内心，你会发现坎坷中要学的东西还有很多，如此，视野会更开阔，灵魂会得到升华。坎坷是让我们成长和完美的助推器，因此，无须让自己沉浸在痛苦之中，学着感谢它吧。

口袋里装进一条鱼

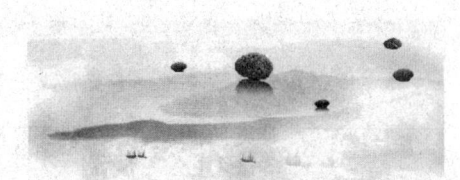

有什么样的想法，就有什么样的未来。愉快的生活是由愉快的思想造成的，痛苦的生活是由痛苦的思想决定的，是我们的态度决定了我们的心情，影响了我们的健康，甚至改变了我们的际遇。

你为什么觉得痛苦？冷静下来仔细思量，根源是遇事专往坏处想。比如，你的潜意识里不断地提醒自己"快有霉运来了"。于是，正如你所想的那样，倒霉的事真的就会接二连三地来了，霉运甩都甩不掉。

明白了这个道理，痛苦时你要静下心来，认识到与其往坏处想，让自己着急和生气，甚至上火，还不如看开些，多往好处想想。凡事多往好处想，事情远远没有想象得那么糟糕，痛苦也就会变淡很多。

库莎是一个快乐的百岁老人，她每天都生活在快乐之中。在她的世界里，似乎从来没有发生过不快乐的事情。当然，这份快乐使她成为朋友圈中最受欢迎的女人，尽管她不够美丽，而且早已满头白发、皱纹横生。

有个生活苦闷的年轻人慕名来拜访库莎："我一直感觉不到快乐，也没有什么朋友。我看到您每天都很快乐，您身边有很多朋友，您真是一个活得漂亮的女人，您的生活中一定事事都如意吧？"

库莎笑了笑，轻轻地说："人的一生不可能事事如意，已经发生的事实不可改变，你唯一能控制的就是你的想法。我可以肯定地告诉你，所有的事情都是好事，这正是我快乐的秘诀。"

年轻人很诧异，问道："假如您一个朋友也没有了，您会感到快乐吗？"

"当然，我会高兴地想，幸亏我没有的是朋友，而不是我自己。"

"当您走路时突然掉进一个泥坑，弄了一身泥泞，你还会快乐吗？"

"是的，我会想，幸亏掉进的是一个泥坑，而不是无底洞。"

"如果遭遇了车祸，撞折了一条腿呢？"

"大难不死必有后福，有什么不快乐的呢？"

"假如您马上就要失去生命，您还会快乐吗？"

"当然，我高高兴兴地走完了人生之路，说不定要去参加另一个宴会呢。"

年轻人不再问了，他沉默了好一会儿才说道："这么说，生活中没有什么事是可以打破您平静的心态的，对您来说，生活永远是快乐组成的一连串乐符？"

库莎说道："是的，只要我愿意，我就是快乐的。"

由此可见，世间很多事情都是有利有弊的，但是事情本身并无所谓好坏，全在于你怎么看。凡事多往好处想，是一种科学的人生态度，是一种健康积极的人生哲学，是心理健康之道，也是幸福快乐的不二法门。

暖心小语

如果你掉进一个池塘，说不定口袋里会装进一条鱼呢。

只要豁达乐观一点，凡事多往好处想，你会发现事情远远没有想象得那么糟糕。

凡事若往坏处想，眼前漆黑路渺茫。让心静下来，保持清醒的辩证思维；凡事多往好处想，使自己振作起来，就有可能改变自己的不利处境，从"山重水复疑无路"的困境走向"柳暗花明又一村"的艳阳天。

值得一提的是，凡事多往好处想，并不是盲目乐观，而是一种豁达乐观的人生态度。抱有这样心态的人们往往都能把握住命运的主动权，坚信自己的力量，坚信阳光总在风雨后，坚信明天会更好。

你为什么觉得痛苦？冷静下来仔细思量，根源是遇事专往坏处想。有什么样的想法，就有什么样的未来，痛苦的生活是由痛苦的思想决定的。既然如此，不如静下心来，保持清醒的思维，凡事多往好处想。

幸好我还活着

人的一生总会经历很多事情，有的让你喜，有的让你忧；有的让你仰天大笑，有的则让你垂头叹息。开心的事，人们都乐于接受，而忧伤、苦恼之事袭来时，人们往往哀叹人生不幸、命运不公。

但是，静下心细细想一下，你会发现那些事跟生死比起来根本不算什么。生命对于每个人来说只有一次，而且时间很短暂。在这生与死并存的世间，只要能好好地活着，你就是快乐的，就是幸福的。

也许，你太过于习惯自己生命的存在，尚未意识到活着的恩宠。但是，当生命一旦遇到变化，偏离了原来的轨道，那些真正与死神擦肩而过的人会豁然感悟到：只要能够活着，其他任何痛苦都不算什么。

汶川地震期间，有一位在地震废墟中掩埋了五十多个小时的男子被探查到还有生命迹象，救援人员尽全力对他进行营救。但巨大的石板压住了他的左腿，而在这块石板之上，是一栋摇摇欲坠的楼房。

如果不顾一切地拉出这位男子，有可能会导致整栋楼房的坍塌，同时，对楼里其他还有生命迹象的人也会造成毁灭性的破坏。妻子一直守在他的身旁，撕心裂肺地对救援人员哭喊着："求求你们，救救他，他不能死！"后来，这名男子被成功救出，只是从此之后他成了残疾人——他被当场锯掉了左腿。

几天后,有媒体去医院采访这名男子时,只见他的妻子依旧陪护在他身旁。他的妻子看起来一点儿也不悲伤,给丈夫擦身、按摩、喂饭、和他说话……她的嘴角和眼角始终都是上扬的,脸上看不到任何痛苦。

记者们惊讶于这位妻子的表现,当被问及原因时,这个女子说的一句话给人们留下了极其深刻的印象:"很不幸,他失去了一条腿,但重要的是幸好我们都还活着。对我来说,这就是最大的幸福,活着真好!"

"5·12"汶川大地震残忍地夺去了近七万人的生命,这是一种怎样的残酷与震撼!在经历了这场巨大的灾难之后,相信很多人对于生命将会有一个全新的概念,深深地懂得了一个道理:"活着,真好!"

曾经看到过这样一个报道。

第二次世界大战时,有一名士兵在一次战役中被炮弹碎片刮伤了喉咙,说不出话,流了很多血,他和一些同样在战场上受伤的士兵被送到了医院。在医院里,伤员们的脸上写满了颓废和恐惧,他们每天都处在忧虑和痛苦中。这时,那名喉咙受伤的士兵写了一张字条问医生:"我还能活下去吗?"医生回答道:"当然,只要你愿意。"于是,这个士兵在纸上写道:"那老子还有什么好担心的?"

暖心小语

愿以我一切所有,换取一刻时间。

也许我们的生活并不富裕,也许我们没有成功的事业,也许很多不幸的事情发生在

207

我们身上，这确实是让人心痛的事。但是还有什么比生命更重要、更美好的呢？还有什么比活着更快乐、更幸福呢？"愿以我一切所有，换取一刻时间。"伊丽莎白女王临终前的遗言仿佛是一句警告：生命是最宝贵的。

的确，只要生命还在，就有希望和梦想；只要生命还在，就有幸福和快乐。只要我们还活着，就可以看花开花落、云卷云舒，可以听潮起潮落、甜言蜜语；只要我们还活着，我们就可以感受阳光的温暖，可以体会秋风的萧瑟……

既然如此，能够活着就已经是极大的恩宠，又何必不断埋怨、纠结于生活中的种种不如意呢？怎么就不想想自己的幸运呢？何不能呼吸时就尽情地呼吸、能欢笑时就尽情地开怀大笑，用快乐妆点、打扮生活呢？

因此，不要再去在意那些繁杂的纠葛、苦痛、伤害、低迷等，这一切的一切都仅仅是生活中小小的插曲而已。抓住生活中的每一瞬间，览尽世间百态、品尝五味人生，如此，痛苦的滋味便淡了，快乐便在生命中得以显现。

德国人尤索夫·依萨是一位从事皮草生意的商人，他经常为自己的生意不好而黯然神伤、闷闷不乐。为了扩展商业版图，打开新的市场，尤索夫·依萨带着几个手下横渡大西洋和太平洋，准备前往新加坡考察，谁知突遇灾祸，被困在太平洋中。他们毫无希望地在大海中漂流了长达一个星期之久，最后竟奇迹般地获救。

死里逃生后，尤索夫·依萨好像变了一个人：他不再像以前那样为了生意上的事情大呼小叫，而且他还缩小了自己的贸易公司，开办起一家免费的社区俱乐部，每天和人们在太阳底下喝咖啡、聊天、唱歌、下棋，笑声不断。

周围人都惊讶于尤索夫·依萨如此巨大的改变，对此，尤索夫·依萨解释道："自从那次海上遇难后，我学到了人生中最重要的一课，那就是'只要活着就是最值得快乐的事情，没有必要再奢求任何事情'。"

静下心来想想生命的重要性，就能坦然地面对生活中的各种不如意，也就能发现快乐的存在和意义。不信，你就在痛苦得要命时，摸着自己的胸口默默地说三遍："幸好我还活着，幸好我还活着，幸好我还活着！"相信你会从中获得心灵之光的照耀，痛苦感削减了，甚至消失殆尽。

生命对于每个人来说只有一次，只要能好好地活着就是快乐的、就是幸福的。既然如此，我们又何必不断埋怨、纠结于生活中的种种痛苦呢？静下心来想想自己的幸运吧。

最好的办法是改变自己

在我们的生活中，有太多的事情就像"大山"一样，是我们无法改变的，或者至少是暂时无法改变的。这时候，有的人总是抱怨现实世界的不尽如人意，心痛、无奈的情绪在心里盘旋，绝望地等待着被世界"宰割"的命运。

然而，改变世界的目标太大，何不从自身开始？改变自己，你会发现路还是原来的路，境遇还是原来的境遇，但是路和境遇所给予你的感受截然不同了，有一种"柳暗花明又一村"的感觉。

下面是一个关于牧师、男孩、地图与世界的故事。

一个星期六的早晨，牧师正在准备第二天的布道。他的妻子有事出去了，小儿子在家哭闹不休，严重扰乱了他的思路。心烦意乱中，牧师随手拿起一幅色彩鲜艳的世界地图，把它撕碎并且丢在地上，对他的儿子说："小约翰，你如果能把这些碎片拼起来，我就给你两角五分钱。"

在牧师看来，把那些杂乱无章的碎片拼起来会花掉小约翰一个上午的时间，但没过十分钟，小约翰就来敲他的房门。牧师看到小约翰如此之快地拼好了一幅世界地图，十分惊奇："孩子，你是怎样做到的呢？""这很容易，"小约翰慢腾腾地说，"地图的反面有一个人的照片，我试着把这个人的照片拼到一起，然后把它翻过来。我想，如果这个人拼对了的话，那么，这个世界地图也就拼对了。"

牧师微笑起来，他一边爽快地付给儿子两角五分钱，一边高兴地说："儿子，谢谢你，你启发了我！明天的布道，我知道该讲些什么了——如果一个人是正确的，他的世界也就是正确的。"

如果我们自己是正确的，那么这个世界就是正确的。换一句话说，当这个世界看起来很不尽如人意的时候，很有可能是因为你是错的。做出积极乐观的改变，只要自己改变了，世界将会变个模样，人生会是另一番景象。

下面再来分享一个小故事。

在一片丛林中住着一只喜鹊，有一天，喜鹊正在忙着收拾家当准备搬家，恰好被百灵鸟看到了，于是百灵鸟问喜鹊："你要搬到哪里去？"

"唉，我要搬到东边的树林去。"喜鹊回答道。

百灵鸟又问："你刚到这里还不到一个月，而且住得蛮好的，为什么要搬呢？"

喜鹊叹了一口气，伤心地回答道："你有所不知，我这已经是第三次搬家了，以前林子里的鸟儿们都说我唱歌的声音特别难听，这片林子的鸟儿也讨厌我的歌声。所以，我必须搬家，找一个大家喜欢听我唱歌的地方。"

暖心小语

当世界无法改变时，就改变自己吧。

"那么，你……"百灵鸟沉吟了一会儿，接着说道："你有没有想过大家不喜欢你唱歌是因为你的确唱得不好听呢？要知道，如果你还是像现在一样唱歌，无论你搬到哪个林子里，大家都不会喜欢你呀。"

听了百灵鸟的话，喜鹊恍然大悟，于是它尝试着改变了自己唱歌的声音，结果很多鸟儿都开始喜欢听它的歌声，并将它推崇为林子里的"金嗓子"。这下喜鹊再也不用搬家了，过起了幸福快乐的生活。

喜鹊只想着其他鸟儿不喜欢自己的歌声，却没有想到是因为自己唱得太难听，于是不停地搬家，费神费力。后来，它在百灵鸟的提点下改变了自己唱歌的声音，受到了大家的欢迎，过上了幸福的生活。

由此可见，世界上并不只有你一个人改变，地球也不只是为你而转，不可能所有的事情都按照你的意愿发展。面对一个强大的、你不喜欢的环境，任何的反抗和逃避都是徒劳的，唯一的、最好的办法就是改变自己。

处于什么样的环境并不重要，重要的是你的选择，是选择软弱地屈服于环境，绝望地等待世界的改变，还是豁达乐观地面对不如意，用毅力去改变自己，从而达到改变世界的目的，就看你如何把握了。

改变自己是生存的必要保证，特别是在世界日新月异、一日千里的新经济时代，只有不断地改变自己，才能应对眼前的各种不如意，并且随时应对世界的巨变，这也是我们取得发展、获得成功的明智之举。

余品超在一家贸易公司上班，他经常感叹自己生不逢时，整天过着苦闷的生活。一次，他愤愤地对朋友抱怨："我到公司工作一年多了，老板不提拔我不说,连工资都不给我涨,我觉得在公司没有前途。"

余品超的这位朋友是一个事业比较成功的人,他沉默了一会儿,对余品超说:"要我说啊,你应该把商业文书和公司组织完全搞通,甚至连怎么修理影印机的小故障都学会,然后再辞职不干。"

见余品超不解地望着自己,朋友解释道:"你们公司怎么着也算一个大公司,你豁达乐观一点儿,把公司当作免费学习的地方,把什么东西都学通了之后再一走了之,不是既出了气,又有许多收获吗?这样才值。"

余品超听从了朋友的建议,从此便勤奋研学,甚至下班之后还留在办公室研究写商业文书的方法。半年后,他找到朋友,欣喜地说:"近半年来,老板对我刮目相看,最近更是不断给我加薪,并对我委以重任,我已经成为公司的红人了。"

"这是我早就料到的。"他的朋友笑着说,"当初你的老板不重视你,是因为你的能力不足,却又不努力工作,没有业绩;而后你痛下苦功,能力提高了,又能为公司创造效益了,自然就改变了老板对你的态度。"

余品超的待遇为何发生了改变呢?是他所在的公司不一样了吗?是他的老板换了人了吗?不是!公司是同一家公司,老板也没有变,是余品超自己发生了改变,他的工作态度主动热情,能力日益提高,老板自然对他刮目相看。

无论周围的环境有多么不尽如人意,人生之路充满了多少未知未卜的因素,最明智的做法就是承认环境的存在,静下心来好好想想自己需要做出怎样的改变。改变自己,改变世界,新生活从此刻开始。

面对一个强大的、你不喜欢的环境，任何的反抗和逃避都是徒劳的，何不静下心来改变自己？改变自己，你会发现路还是原来的路，境遇还是原来的境遇，但是路和境遇所给予你的感受却截然不同了。

"危机"里的"契机"

人生有很多事情，在意想不到的时候就来了。在这种突发的危机中，不少人会惊慌、手足无措，认为不管自己做什么事情都没有用。这种消极的信念蔓延开来，会让他们觉得自己无力、无望，甚至无用。

如果你要想掌控自己的命运，如果你想获得卓尔不凡的人生，就千万不可有这样绝望的信念。因为某件事情这一方面的危机，也许正是另一方面的契机；或这件事情的危机，很可能正是另一件事情的契机。

所谓"危机"，静下心来想一想，"危"是危险，"机"是有机会的意思，危险里面有机会，机会里面带有危险。也就是说，你可以说危机是100%的危险，也可以说它蕴藏着步步活棋，有无限的契机在里头。

这里有一个小故事。

一天，农夫的一头驴掉进一口枯井里。农夫绞尽脑汁想救出驴，但几个小时过去了都无济于事。最后，这位农夫决定放弃，他想这头驴子年纪大了，不值得大费周折去把它救出来，不过无论如何，这口井还是得填起来。

于是，农夫请来左邻右舍帮忙一起将井中的驴埋了，以免除它的痛苦。农夫的邻居们人手一把铲子，开始将泥土铲进枯井中。当这头驴子察觉到自己的处境时，它在井里恐慌、痛苦地哀号着，不一会儿，它居然安静下来了。

几铲土过后,农夫终于忍不住朝井下看,眼前的情景让他惊呆了:泥土不停地倾泻到井中,驴子将泥土抖落在一旁,然后站到铲进的泥土堆上面。

农夫高兴极了,于是加快了填土速度。就这样,没过多久,驴子便上升到井口。它用力地抖了抖身上的泥土,纵身跳出了原本绝命的枯井,然后在众人惊讶不已的表情中得意地跑开了。

人生的旅途中,我们难免会陷入"枯井",各式各样的困境就像是不停掉落的土,叫人无法躲闪,有时候一连串地压在我们身上,无声无息地将我们揽入,而我们能否挺过那片黑暗,又能否活着等来救援?这时候,如果我们惊慌或者放弃,恐怕就只能陷在井中,无法脱困;假使我们能够静下心来,豁达乐观地面对,就会发现这些"泥沙"恰恰是能够帮助我们脱困的垫脚石。

正所谓"祸兮福之所倚,福兮祸之所伏"。每一种改变都会产生两种结果,一种是正面的,一种是负面的;即使是负面的,也同时会带来一次机会,那么在一定的条件下,危机也可能成为发展的机遇。

因此,不难总结出一个结论:只要我们能够在面对危机时时刻保持冷静,用心去捕捉危机中的转机,我们很有可能会从中发现契机,化危机为机会,最终化险为夷、突出重围,实现新的飞跃,这正是我们能否成功的关键。

暖心小语

某件事情这一方面的危机,也许正是另一方面的契机;或这件事情的危机,很可能正是另一件事情的契机。

明朝永乐年间,著名工匠蒯祥被明成祖安排负责皇宫的改建。经过一个雷雨交加的夜晚后,蒯祥第二天早上来到工地时,不禁大吃一惊:已接近完工的宫殿大门槛的一头被人偷偷地锯短了一段,更糟糕的是工期将至,且已经没有可以重建的同样材料。

要知道,这样的事情足以使人掉脑袋,蒯祥的处境一下子变得危险了,旁边的人都暗自为他捏了一把汗。但蒯祥努力让自己冷静了下来,因为他知道现在抱怨或叫苦都是没有用的,唯有想办法弥补、消除危机才是最关键的。

一番冥思苦想后,蒯祥忽然想出一个别样的办法:把门槛的另一头也锯短一段,使两头的长度相等;同时,在门槛的两端各做一个槽,使门槛可装可拆,成为一个活门槛。他还准备在门槛的两端各雕刻一朵牡丹花,既可以遮掩两端的槽,又能使门槛色彩鲜艳,显得更加富丽堂皇。

到了工程完工的那一天,明成祖亲自带领文武百官来验收。他看到宫殿的门槛是活动的,拆掉门槛后,轿子和车马可以直进直出,比固定的门槛更加方便;而且,门槛两端雕刻的牡丹花装饰得也十分漂亮,便对蒯祥大加赞扬和赏赐。

一夜之间,宫殿的门槛被锯短,将蒯祥置于性命攸关的危机之中。幸好蒯祥没有慌乱绝望,而是通过冷静的冥思苦想,将门槛改成可装可拆的活门槛,化危机为机会。这一变局的转化,不仅保住了自己的脑袋,还成为我国建筑史的一段佳话。

可见,危机并不可怕,可怕的是对危机心存畏惧、怨天尤人、坐以待毙。在危机面前,只要我们振作精神、冷静面对、认真思考,就有可能捕捉到危机中的转机,采取积极的行动,给自己支撑起一片朗朗晴空。

最大的危险中通常蕴涵着最大的机会。危机发生了,在他人尚处在情绪混乱、头脑困惑的状况中时,成功人士似乎更懂得在无秩序中冷静思考,用心捕捉危机中的机会,调动并挖掘自身的潜能。如此,隐藏在危机中的契机自然而然就会显露出来。如果我们能够使危机成为机会，走向一个新的开始，那么世界上还有何事会做不成？我们想不成功都难。

现实生活中，这样的例子比比皆是。

杨格是美国新墨西哥州高原地区的一位苹果园主，由于高原的气候独特，少有污染，这里的苹果味道鲜美，因而大批水果经销商与杨格签订了订货合同。每年秋天，杨格都会将上好的苹果装箱发往各地。

可是天有不测风云，有一年，高原上突然下了一场特大的冰雹，把结满枝丫的大红苹果打得遍体鳞伤。这时候苹果已经订出 9000 吨货，如果到时间发不出货，会影响自己的信用，会砸了自己的牌子；如果把被冰雹砸过的苹果发给经销商，大家不满意，同样是砸自己的牌子。这可怎么办？

杨格来到苹果园，面对满地伤痕累累、创伤严重的苹果，心事重重地踱着步子，该怎样走出这注定是"惨重损失"的"绝路"呢？他俯下身来拾起一个打落在地的苹果，揩了揩沾上的泥，咬了一口，他意外地发现，苹果清香扑鼻、酣浓爽口。

顿时，一个绝妙的主意萌生了。杨格果断地命令手下集中力量立即把苹果发运出去，同时给每一箱苹果都附上一个简短的说明："朋友，这批货个个带伤，但请看好，这是冰雹打击的疤痕，是高原地区产出的苹果的特有标记。这种苹果果紧肉实，具有妙不可言的果糖味道。如果不信，便可亲口尝尝做个比较。"

收到这种带伤的苹果后，经销商们半信半疑，但是亲口尝过之后，果然发现这种苹果味道特棒，真是高原特有的味道。从此，经销商们更加愿意和杨格做生意了，还专门要求提供带伤疤的苹果。

市场上，多数人不喜欢"伤痕累累"的苹果，这的确是让人无奈的事情。不过，杨格没有绝望，而是细心地发现了这种苹果的优势，把疤痕当作好苹果销售的标志，巧妙地改变了自己的处境。看完故事，我们不得不佩服这位天才的创意。

也许你不知道，我们现在用的吸水纸，当年就是因为一位造纸工人在生产书写纸时不小心弄错了配方，生产出了一大批无法书写的废纸。面对巨大的失误，那位造纸工人静心思考：纸张无法书写，但它们的吸水性很好。于是他将这些废纸切成小块，做成了"吸水纸"。申请专利之后，他竟然从一个小工人变成了大富翁。

古人云，"善用物者无弃物"，任何事情、任何事物并非一无是处、毫无价值，劣势的背后蕴藏着诸多优势，重重危机之中隐藏着步步活棋。怎么"善用"、怎么"走棋"，一切就全靠你自己了。

因此，在危机面前，我们不要做大呼小叫、苦坐等待的旁观者，静下心来，保持相对的冷静和勇气吧。用心捕捉危机中的转机，并利用自身的智慧和才能将负面的变局化为正面的转机，这是我们下一个成功的开始。

走出失败的阴影，才能看到阳光

在漫长的人生旅途上，既有宽阔平坦的康庄大道，也有崎岖不平的山间小路；既有娇艳欲滴的美丽鲜花，也有蓊郁葱茏的荆棘。无论是坚强的人，还是柔弱的人，谁都难以逃脱这份注定的"幸运"。

在人生路上，经受这样或那样的失败时，千万不要认为老天在故意和你作对、在故意惩罚你，一味地哭泣、抱怨、悔恨和惋惜，甚至相当长一段时间都难以从失败的阴影中解脱出来，从而心生绝望、一蹶不振。

面对困境与苦难，最关键的是要静下心来，清醒地问问自己："我为什么会遭遇失败？""我应该如何做才能将失败的损失降到最低？""我能够从这次失败中学到什么？""下次遇到这样的事情我应该怎么做？"

要知道，"失败是成功之母"，失败是一次次检视自我、锻炼自我、提高自我的机会，从而完成一次次难得的自我蜕变。反思失败、勇于向前的人，必是胸怀笃定之心、潇洒自信之人，也是离成功最近的人。

英国《泰晤士报》前总编辑哈罗德·埃文斯一生中曾经历过无数次失败，其中包括他在20世纪80年代中期对《泰晤士报》进行改革的失败。但他从未在失败中沉沦。对于失败，他曾经说过这样一段话：

"对我来说，一个人是否会在失败中沉沦，主要取决于他是否能够把握自己的失败。每个人或多或少都经历过失败，因而失败是一件十分正常的事情。你想要取得成功，就必须以失败为阶梯。换言之，成功包含着失败。关于失败，我想说的唯一一句话就是：失败是有价值的。因此，面对失败，正确的做法是：首先要勇于正视失败，找出失败的真正原因、树立战胜失败的信心，然后以坚强的意志鼓励自己一步步走出阴影，走向辉煌。"

"真正的勇士，敢于直面淋漓的鲜血和惨淡的人生"。因此，遭遇失败时，不要再整日忧心忡忡、悲观绝望，静下心来扪心自问自己学到了什么、需要在哪些方面做出改进等，那么失败的阴霾将很快消散，迎接你的是阳光明媚的成功。

戴尔·卡耐基事业刚起步的时候，在密苏里州举办了一个成年人教育班，并且陆续在各大城市开设了分部。他花了很多钱做广告宣传，房租、日常用品等办公开销也很大，但一段时间后，他发现数月的辛苦劳动竟然连一分钱都没有赚到。

卡耐基很是苦恼地向家人借钱处理了一些善后的事情后，便整天待在家里不再外出。因为他害怕别人用同情、怀疑，抑或是幸灾乐祸的眼神看自己。他整日闷闷不乐、神情恍惚，无法将事业继续下去。

这种状态持续了很长一段时间后，他找到了老师乔治·约翰逊。"失败有什么？让你清楚地看清自己罢了！"老师的一句话意味深长，卡耐基顿悟，于是他开始静静地思考自己存在

> **暖心小语**
>
> 困难击倒每一个人，之后，许多人在心碎之处便坚强起来。

什么问题，工作是不是需要改善……一番思索后，他改变了成人教育的研究方向，致力于人性问题的研究。

经过一段时间的努力，卡耐基开创并发展出一套独特的融演讲、推销、为人处世、智能开发于一体的成人教育方式。由此，他成为美国著名的企业家、教育家和演讲口才艺术家，被誉为"成人教育之父"、"20世纪最伟大的成功学大师"。他的著作《沟通的艺术》、《人性的弱点》以及《卡耐基人际关系学》等出版后，立即风靡全球，被誉为"人类出版史上的奇迹"。

从这个故事中我们可以感受到，尽管失败的事情使我们痛苦，但经受失败没有什么大不了，只要我们能够静下心来，善于从失败中学习、不断地总结失败的教训，重整旗鼓、从头再来，就能一步步走出失败的阴影，收获成功的阳光。

被称为"领导力大师"的沃伦·本尼斯在撰写其最负盛名的著作《领导者》时发现，政府、民间或是非营利领域的领导人，他们都有三四个共同的特性，其中之一便是：每个人都遭遇过失败，然后反败为胜。

由此可知，是失败使他们看清了自己存在的致命问题，在通往目标的道路上加以征服并超越自我；是失败使他们排除了一个又一个不成功的因素，掌握了取得成功的一个又一个的先决条件，为发展积蓄了能量，为成功奠定了基础。

在发明电灯的过程中，爱迪生几乎把自己的精力都投在了试验上。他所遇到的困难首先是要寻找到做灯丝的材料、他先用炭化物质做试验，失败后又以金属铂与铱高熔点合金做灯丝试验，还做过上质矿石和矿苗共1600种不同的试验，结果都失败了。

不过，失败并没有让爱迪生放弃希望，他尝试着使用其他材料，继续进行着自己的实验。后来，他将碳丝装进玻璃泡里，一经试验，效果很好。就这样，世界上第一批碳丝白炽灯问世了。

虽然电灯发明成功，但是这种电灯有很多毛病，大规模推广的可能性不大，这对爱迪生来说，依旧是一次失败。为了研制成看似简单的电灯，爱迪生大约经过五万次的试验，写成试验笔记一百五十多本。可是，1914年12月的一个晚上，工厂突然失火了，爱迪生的实验室被烧得干干净净。

看到实验室化为灰烬之后，大半辈子的心血毁于一旦，爱迪生心中的悲痛不难理解，但爱迪生对安慰自己的朋友们轻轻地说："没错，这场大火的确把我的成果给烧光了，不过同时它把我的错误也烧光了，现在我要重新开始！"

后来，爱迪生用炭化竹丝做成一根灯丝，结果比以前做的种种试验都理想。这便是爱迪生最早发明的白炽电灯——竹丝电灯。通上电后，这种竹丝灯泡竟可以连续不断地亮1200个小时。由此，爱迪生为人类带来了光明，成为世界闻名的发明大师。

"没错，这场大火的确把我的成果给烧光了，不过同时它把我的错误也烧光了，现在我要重新开始！"能够这样想的人，必是心胸宽广、眼光高远，他们将失败当作垫脚石，从而能够一步步地接近成功。

的确，成功者不在于跌倒的次数有多少，而在于总是比跌倒的次数多站起来一次；不在于没有失败，只在于绝不被失败所击倒。这正如海明威所说的："困难击倒每一个人，之后，许多人在心碎之处坚强起来。"

总之，成功好比威武雄壮的交响乐，而前进中的每一个失败就像是一个个音符。只要你能欣然地接受失败、冷静地对待失败，不断修正和蜕变，那么你就一定能在风雨之后奏响一曲壮美辉煌的"成功交响曲"。

失败是一次次检视自我、锻炼自我、提高自我的机会。失败时静下心来，善于从中学习、总结教训、重整旗鼓，从而完成一次次难得的自我蜕变，那么，失败的阴霾将很快消散，迎接你的将是阳光明媚的成功。

柳暗花明，又一村

科学家们曾经进行了这样一项实验：将一群蜜蜂放进一个敞开口的瓶子里，并将瓶底对准阳光。遗憾的是，这些蜜蜂竟没有一只飞出瓶子。为什么呢？因为它们以为出口在光线最明亮的地方，于是不停地撞击瓶底，却对稍稍黯淡的、敞开的瓶口不理不睬，最终它们一个个力竭身亡。

生活中，我们也会遇到各种或困难或复杂的场面，不少人往往只会从一个角度看问题，这就是人们平常说的"一根筋"，或者叫"钻牛角尖"，结果竭尽全力也于事无补，只能被绝望的思绪所困扰。

殊不知，任何事物本身都具有多样性，当遇到"山重水复疑无路"的情况时，我们只要静下心来，高瞻远瞩，换一个方向，从不同的角度出发去看待问题，该转弯时就转弯，问题便可迎刃而解，出现"柳暗花明又一村"。

死神在一场瘟疫中累倒了，靠在路边休息，一个好心的青年跑来照顾他。为了表示感谢，死神决定教青年学医。过了一段时间，死神对青年说："你现在可以去行医了，但是有一条戒律不可以违犯，当你治疗病人时，如果你看见我站在病人的脚旁，你可以把他的病治好；如果你看见我站在病人的头边，就表示那人的大限已到，你就不用治了，否则你就要拿自己的命来抵。"

青年一直遵守死神的戒律，也治好了很多人，成为当代的名医。有一天，公主生病了，群医束手无策，国王便颁布一个命令：如果有人能把公主治好，就把公主许配给他。青年得知消息后前来皇宫，当他看到美丽的公主时倾心不已，却看到死神站在公主的头旁。

青年想救活公主，但是救活她自己就得死，他精神有些恍惚了，不知道如何做才好。青年深深地呼吸了几下，他感觉大脑清醒了不少，过了一会儿，他对国王说："请叫人把公主的床换一个方向，这样我就能把公主治好。"

国王立即派人把公主的床换了方向，这样死神变成了站在公主的床尾，青年很快就把公主的病治好了，死神对他也无可奈何。接下来，青年迎娶了公主，继承了王位，过上了幸福快乐的生活。

是救心爱的公主、牺牲自己，还是置公主于不顾？这个选择对这位青年来说是残酷的，但是他没有消极地逃避或搁置问题，而是保持冷静的头脑，将公主的床换了一个方向，结果轻松地斗败了死神，与公主牵手幸福。

由此可见，面对棘手的问题无从下手时，不要死钻牛角尖，不妨静下心来，适时地换一个方向，用一种全新的角度去思考当前所面对的情况，创造一种"山重水复疑无路，柳暗花明又一村"的意境。

暖心小语

不钻牛角尖，该转弯时就转弯。

那些各领域的顶尖人物之所以能够取得成功，并不在于他们的人生有多顺利，也不在于他们发现了多少机遇，而是由于他们能够打破常规地思考问题，不被固定的思维定式所控制，懂得换一个角度思考问题的智慧。

　　由于市场竞争激烈，商品严重滞销，美国艾士隆公司陷入了疲软的经济状态，董事长布希耐非常心烦意乱，便驾车到郊外散步。走到街头时，他看到几个小孩子聚在一起正在玩一只肮脏而且异常丑陋的昆虫，玩得不亦乐乎。

　　布希耐静静地看着孩子们，突然机敏的头脑产生一股灵感：现在市场上都是芭比娃娃、英俊的海军等外表漂亮的玩具，孩子们都已经玩腻了，如果制作一款外表丑陋的玩具，是不是就能重新唤起他们对玩具的喜爱之情了？

　　想到这里，布希耐立马回到公司，部署公司设计人员研制了好几套"丑陋玩具"，例如外表狰狞的"病球"、"粗鲁陋夫"，臭得令人作呕的"臭死人"、"狗味"、"呕吐人"等，并迅速推向了市场。

　　虽然这些玩具的售价超过了正常玩具的水准，但出乎人们意料的是，这些玩具问世以后一直畅销不衰，不仅给艾士隆公司带来了丰厚的利润，而且还引发美国掀起了行销"丑陋玩具"的热潮。

　　"爱美之心人皆有之"，在别人眼里，漂亮的玩具深受市场的青睐，布希耐却"反其道而行之"地制作丑陋的玩具，这听起来有些不可思议，但是他却出乎人们预料地解决了公司困顿的绝境，开创了全新的事业和生活。

因此，我们应该打开思维的固定模式，试着换一个角度思考问题。

人的能力不是与生俱来的，在日常生活和工作中下意识地多想、凡事多问个为什么、一点一滴地积累，你就能获得从不同角度看待问题的能力，在处理问题时更加得心应手，从而走出困境，看见希望。

第九章
觅一处桃源，自有一座悠然南山

快乐的秘方就是，身在繁华里，心在繁华外，千面世界，一面心，不虚荣，不攀比。心种一片桃园，邂逅一种美丽。

把面子看淡点儿

爱面子是一种虚荣心的表现，爱得其所、爱得有度、爱得得体，可以获得心理上最大的满足，不仅可以让我们的心情平和愉快，而且能够刺激我们用积极的行动填补自己的欲望和夸下的海口。

孙皓的一个朋友新成立了一家广告公司，特邀请几个好朋友欢聚一堂。孙皓一向不胜酒力，席间以茶代酒，但朋友说了一句："这点儿面子也不给吗？"于是，他牙一咬、心一横，一连喝了几个底朝天。

"孙皓，以后你要多多照顾我的生意呀。"朋友说道。孙皓只是公司一名小职员，没有那么大能耐，但爱面子的他还是拍拍自己的胸脯说："放心，有你在，哪里会找别人。"朋友们无限羡慕，都说孙皓够义气，一瞬间孙皓感觉自己很伟大。看着孙皓胸有成竹的神情，朋友将他的话牢牢记在心里。

一段时间后，得知孙皓的公司要做广告，朋友找到孙皓。这下孙皓慌了，可是如果这个时候说自己帮不上忙，多失面子呀。朋友一句："看你当初说得那么胸有成竹，我以为你真的能行的。现在看来，我还是找别人吧，你不要为难了。"孙皓的心智已经乱作一团了，便杀身成仁、舍生取义、四处奔走。

不过，经过三番五次的折腾，公司依然将广告业务托付给一家国际知名广告公司。从这之后，朋友们开始感觉孙皓并不像自己说的那样能干，于是对他产生了一丝反感，真有什么事情也不敢托付给他，而孙皓自然也高兴不到哪里去了。

孙皓就是因为太爱面子，以致被虚荣心搅乱了心智，盲目地打肿脸充胖子，结果不仅没能达到炫耀自己的目的，还给自己招来啼笑皆非的难堪，引起了众人的反感，身心备受折磨，死要面子活受罪。

生活中，像孙皓这样爱慕虚荣的人并不少见。比如，有些人明明囊中羞涩，却还很喜欢装阔，请朋友去吃饭时还偏偏选择高档饭店；自己困难的时候，本来可以寻求帮助，却碍于面子不提出，而失去了发展的机会……当时似乎挺有面子，但等到浮华过后，自己因走进死胡同而受苦遭罪，那时才捶胸顿足。

暖心小语

面子是一个华而不实的东西。

面子华而不实，里子表里如一。外看一朵花，内心一团糟，这是徒有外表美的绣花枕头。在生活中，我们要时时静下心来检视一下自己，看看自己是否要了不该要的面子，是否爱过了劲、爱过了头。

卡伦·休斯女士于 2005 年 9 月就任美国副国务卿。她为总统鞍前马后效力多年，媒体称她为美国"海外形象大使"。

解职后，很多人以为卡伦·休斯会在政府任与正副部长不相上下的职务，岂料她竟到外地一所不起眼的幼儿园当教师了。"沦落到当幼儿园老师的地步，太失面子了。""堂堂副国务卿居然能接受这种人生起落，这太不可思议了……"

对于人们各种各样的评论，卡伦·休斯解释道："这称不上什么大怪事，没有必要如此惊诧，关键是我乐在其中，并以此为傲。以前我的生活除了持续地工作外没有别的，现在我没有必要为了面子继续那种生活，现在的一切都进行得非常好……"

人生在世，那些开明豁达的人学习静下心来，把名利富贵看淡一点儿，把事情看旷达一些，不必为了没意义的面子让自己受苦遭罪，顺其自然最可贵。

另外，"面子"不是来自于空虚的心灵，也不能流于轻浮，要靠真才实学和踏实勤奋来维护，一分耕耘，一分收获，我们的底气才会越来越足，死要面子活受罪的事就会大大减少，从而活得洒脱潇洒。

因此，静下心来保持清醒的头脑，让我们努力做到"不要面子要真理"吧。

摘掉"虚名"的光环

不能守住心灵的净土,迷失心智,刻意追求那些看不见、摸不到的虚名,这是导致我们心态失衡、身心疲惫的罪魁祸首,终究会应了唐代诗人吴筠那句"虚名久为累,使我辞逸域"的老话。

正如《菜根谭》中所说:"世人只知道拥有名声地位是令人快乐的事,却不知道没有名声地位的快乐才是真正的快乐;世人知道挨饿受冻是令人忧虑的事情,却不知道不愁吃、不愁穿但精神上有某种痛苦才是真正的痛苦。"

丽蓓卡·夏普便是一个例子,她是英国作家萨克雷的名作《名利场》中的女主人公。

丽蓓卡·夏普出身寒门,父亲是个平庸的画匠,母亲是个受人鄙视的歌女,均已亡故,死后没给她留下一文钱。贫穷的生活使她不顾一切想要走入伦敦这个大都市,希望自己能够在上流社会获得一席之位,成为一名尊贵的妇人。

丽蓓卡·夏普很漂亮,美貌是她左右逢源的武器。进入伦敦后,她趋炎附势、阿谀奉承,费尽心机地要求伦敦的上流社会接纳自己,可是那些上流社会的人只会去谈论那些光鲜的人物,他们都用有色眼镜"注视"

着丽蓓卡·夏普,就连玛蒂尔达夫人家里的侍女也瞧不起丽蓓卡·夏普的谄媚。

当残酷的现实一次次地摧残着丽蓓卡·夏普内心仅存的希望,当名誉的诱惑一次次地向她内心的淡泊发起挑战时,她不知所措,嫁给一个上流社会人士,成了空虚的灵魂深处的救命稻草,也成了她唯一的信仰。接下来,丽蓓卡·夏普利用自己的年轻美貌赢得了考利家族最有可能的继承人、军官罗登的欢心,并且秘密结了婚,因为考利这个姓氏会让她感觉自己在这个都市的生存意义。

结果,因丽蓓卡·夏普卑微的出身,罗登失去了财产继承权,两人离了婚。丽蓓卡·夏普借助一切力量迈进所谓的上流社会,将真情与友爱遗忘到九霄云外,用尽心机,最终还是一文不名,她的一切心机全部白费了。

最终在书中,作者萨克雷以这样伤感而又无奈的语气说道:"浮名乃是虚空,唉,一群极端愚蠢、极端自私的人,不顾一切地为非作歹而又热烈地追求浮名,结果却是死亡、争吵和病痛……"

世人不辞辛苦地为了更高的职务和地位绞尽脑汁寻找达到目的的手段和妙方,这就在不知不觉中玷污了自己纯洁的心灵,即使是捞到了丁点儿名利上的好处,却已不受人喜爱,这才是真正的悲剧。

浮生一梦,须臾而逝,我们只不过是"沧海一粟"的过客,虚名终究只是一个晃人眼的光环,何必为了一个没有实质意义的"虚头彩"而沉陷为奴呢?更何况,功名再大终究逃

暖心小语

虚名久为累,使我辞逸域。

不脱生死，每个人离去的时候，生前身后的名声都将随即飘落。

因此，不要再等"虚名白尽人头"的时候才痛心于那些光环、泡沫的破碎。静下心来，看淡那些一时耀眼的虚名，把"虚名拨向身之外"吧。看淡虚名，保持一种恬淡悠然的心境，一些更实在的东西才能被我们把握。

古往今来，那些大学问家都是这样做的，他们不屑于个人的名誉，而是将全部的心血和才华投入到自己喜爱的事业之中。所以，他们一方面能够享受心如止水的快乐，另一方面也能水到渠成地获得惊人的成就。

居里夫人是法国籍波兰物理学家、化学家，她一生崇尚科学，先后共获得10次各种各样的奖金，各种奖章16枚，各种名誉头衔共117个。但是，在这些至高的功名面前，她都能保持一种安心随意的态度。

在法国和波兰，居里夫人的"奖牌只是玩具"的故事可谓家喻户晓。

有一天，一位朋友到居里夫人家中做客，看到居里夫人的小女儿正在玩英国皇家学会刚刚颁发给她的一枚金质奖章，朋友大惊道："英国皇家学会的奖章怎么能给孩子玩呢？这可是至高的荣誉呀！"

居里夫人看罢，淡淡地笑了笑，说道："这有什么不可以，我是想让孩子们从小就知道，荣誉其实就像玩具一样，只能玩玩而已，决不能永远守着它去生活，否则一辈子可能终将会一事无成。"

不仅如此，居里夫人还毅然辞掉了一百多个荣誉称号，声称自己只要实验室。正是她始终能在荣誉面前保持一种宁静淡然的心态，一心倾注于科学研究的品质，才使她能够第二次获得诺贝尔奖，最终到达辉煌的科学巅峰。

的确，功名就像玩具，只能供我们一时消遣之娱乐，而且生不带来，死不带去，与其一生为它所累，不如用一颗平常心来看待它，将它看得淡一点儿，再淡一点儿。踏踏实实做点儿实事，生活才会越过越洒脱。

漫漫红尘岁月，无论浮华劳碌，我们都要时常静下心来，给心灵留有一方净土，淡泊一切功名，不为功名而生存，不为功名所劳累，更不要为追逐功名失去气节，处之泰然，不惊不喜；失之淡然，不悲不怒……

刻意追求那些看不见、摸不到的虚名，只会令我们心态失衡、身心疲惫，而且它生不带来，死不带去。与其一生为其所累，不如静下心来，将它看得淡一点儿，再淡一点儿，把"虚名拨向身之外"，踏踏实实地做点儿实事。

不为"五斗米"折腰

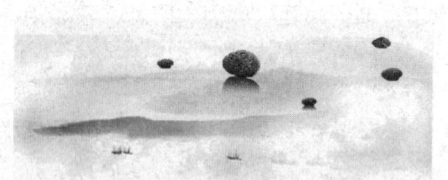

人生的目的不是获取最大化的利益，而是正义和尊严。中国古话讲"人活一口气，树活一张皮"，说的就是做人要有骨气，保持善良纯真的本性，不为名利浮华所改变，不轻易放弃自己做人做事的原则。

做人需要有"富贵不能淫，贫贱不能移"的浩然之气，心灵有一方净土，不因贪图财富而不择手段，不因称羡官衔而突击钻营，不因追逐名利而忘掉气节，换句话说就是决不能为了"五斗米"而折腰。

不为五斗米折腰，是一种从容淡定的气节，是一种安心随意的生活方式。中国古代有不少因维护人格而蔑视功名富贵，不肯趋炎附势、保持气节而不食的故事。其中，陶渊明就是最具代表性的一位。

陶渊明生活的时代，朝代更迭，社会动荡，人民生活非常困苦。公元405年秋天，已过"不惑之年"的陶渊明为了养家糊口，在朋友的劝说下，出任离家乡不远的彭泽县令。

一年冬天，县里派督邮来了解情况。这位督邮是一个粗俗而又傲慢的人，他一到彭泽县的地界，就派人叫县令来拜见他。陶渊明得到消息，虽然心里对这种假借上司名义发号施令的人很瞧不起，但也只得马上动身。不料，有人拦住陶渊明说："参见这位官员应当穿戴整齐、恭恭敬敬地去迎接，否则他会在上司面前说你的坏话。"

陶渊明听后长长叹了一口气："我不愿为了小小县令的五斗薪俸，就低声下气去向这些差劲的家伙献殷勤。"说完，他马上写了一封辞职信，离开了只当了八十多天的县令职位，从此再也没有做过官。

从官场退隐后的陶渊明，在自己的家乡开荒种田，过起了自给自足的田园生活。在田园生活中，他找到了自己的归宿，写下了许多优美的田园诗歌："暧暧远人村，依依墟里烟"、"采菊东篱下，悠然见南山"……最终，这些诗歌奠定了陶渊明中国最早田园诗人、著名文学家的地位。

陶渊明"不为五斗米折腰"，蔑视功名富贵、不肯趋炎附势，虽然生活因此变得凄凉了一些，但是他获得了心灵的自由、获得了人格的尊严，活得从容淡定，为后人留下了宝贵的文学财富，也留下了弥足珍贵的精神财富。

在现代社会中，我们要想生活得安心自在，就要像陶渊明学习不为"五斗米"而折腰的精神，在各种利益面前必须静下心来，不被虚荣心所控制，不为现实的某种实际利益而牺牲或出卖自己的尊严、人格、理想等。

暖心小语

人生的目的不是获取最大化的利益，而是正义和尊严。

林萍是一家IT公司的技术骨干，由于公司准备改变发展方向，林萍觉得公司不再适合自己，她准备换一份工作。以自己在行业中的影响力以及自身的能力，林萍决定去本市最大的一家 IT 公司应聘。

该公司负责面试的经理对林萍的资历和能力很满意，却提了一个让林萍大为吃惊的条件："我听说你原来的公司正在研究一种新软件，听说你也参与了这项技术的研发，如果你能把研究的进展情况和取得的成果告诉我们，明天你就可以来上班，而且你的工资将会是原来的两倍……"

尽管林萍对这家公司的影响力和实力都很满意，但她保持住了理智，为了个人利益出卖原公司万万不可，于是她态度坚决地说："我不能答应你的要求，尽管我已经离开了原来的公司，但我决不会因求取一份工作而做出卖公司的事情。"

林萍以为自己不可能得到这份工作了，但就在当天晚上，那位经理打来了电话，他诚恳地说："林小姐，你被录取了，并且是做我的助手，不仅是因为你的能力，更因为你正直、忠诚的品质。你是好样的！"

当公司与个人利益发生冲突时，林萍没有为了争取自己的利益而出卖原来公司的机密，这样的人永远是受人尊敬的，结果她获得了自己理想中的工作，相信无论在哪个公司，她都能够受到重用。

虚荣时静下心来，保持一种安心随意的姿态，以气节操守为重，不为世上任何名利浮华所改变，不为一点儿小小利益出卖人格和道义，你就一定能达到从容淡定的境界，从而获得人生的更大成就。

做人需要有"富贵不能淫，贫贱不能移"的浩然之气，虚荣时静下心来，守住心灵的一方净土，不因贪图财富而不择手段，不因称羡官衔而突击钻营，不因追逐名利而忘掉气节，你就获得了心灵的自由、人格的尊严。

不攀比，悠哉

常言道"人比人，累死人"，这不是一句空话。在虚荣心的驱使下，我们不停地攀比，把生活重心放在别人身上，却忽略了自己真正需要的生活，最后只能是永远得不到心理上的满足，将自己置于无穷尽的痛苦之中。

伯伯从南洋经商回来，送给大宝和小宝每人一双很精致的象牙筷子。

大宝接过了那双精致名贵的象牙筷之后，心想：这么精美的象牙筷，如果没有好的碗碟来相配真是糟蹋了，便拿出积蓄购买了一套上等的餐具。小宝没有积蓄，但他心想"我可不能输给哥哥"，于是借钱买了一套精美的餐具。

不久之后，大宝通过努力挣了些钱，又买了一套好的餐桌椅来相衬。小宝听说后很不服气，为了超过哥哥，他便向朋友借了一些钱，也买了一套精致的餐桌椅，而且无论款式还是质量都比哥哥的出色。

想到餐厅用具讲究，家里其他部分却不相衬，于是大宝更加努力工作，又赚了许多钱，彻底地将家里重新装饰了一番，那些精美的餐具及餐桌椅显得更漂亮。邻居朋友们都赞不绝口、羡慕不已。

小宝心想自己一定不能输给哥哥，也要好好装饰一下家里，但是他没有钱，于是又硬着头皮开始向朋友借钱。但是看小宝这样挥霍，又没有额外的收入增加，朋友都纷纷地躲避他了，最后只剩下一大堆债主围绕在他身边。

如果难以克服虚荣之心，不断地与别人攀比，总希望自己比别人拥有更多，最后只会享受不到生活的快乐，这是一种多么愚蠢的行为。

当我们沉溺于攀比的虚荣时，请及时静下心来问问自己：是否将生活重心放在别人身上，是否正处于比较后不平衡的心理状态下？同时，问问自己，什么样的生活才是自己真正需要的。

要知道，世间没有两片完全相同的树叶，也没有两段完全相同的经历，终其一生，生活对每一个人都是公平的。所以，我们无须将自己的生活表演给别人看，更没必要将自己的眼光投放在别人的生活上，盲目地同别人做无意义的比较。

虚荣的时候静下心来吧，摆正心态，多关注一下自己，学会理性地分析生活，用欣赏的眼光享受当下的美景，你会发现，自己原来如此的富足，从而获得心灵上的快乐和满足，感谢上天所赐予自己的一切。

一个青年总是埋怨自己不如别人、生活不幸福，终日愁眉不展。

这天，一个须发俱白的老人走过，问："年轻人，干吗不高兴？"

"我不明白我为什么老是这么穷，别人都那么富有。"青年人回答说。

暖心小语

玫瑰就是玫瑰，莲花就是莲花，只要去看，不要攀比。

"穷？我看你很富有嘛。"老人由衷地说。

"这从何说起？"年轻人问。

老人没有正面回答，反问道："假如今天我折断了你的一根手指，给你1000元，你干不干？"

"不干！"年轻人回答。

"假如斩断你的一只手，给你一万元，你干不干？"

"不干！"青年人毫不犹豫地回答。

"假如让你马上变成80岁的老翁，给你100万元，你干不干？"

"不干！"青年人坚定地摇着头。

"这就对了，你身上的钱已经超过了100万元了呀！"老人说完，笑吟吟地走了。

这个故事告诉我们，那些老认为自己太差、比不上别人的人，不是他们真的一无是处，而是他们虚荣心太强，不关注自己所拥有的，忽略本就属于自己的幸福，这样就在不自觉之中让自己多了几分烦恼与忧愁。

放轻松一点儿吧！人与人之间的差异是永远存在的，每个人的处境与机遇都不同，根本没有可比之处，无须比较。有这样一句话："玫瑰就是玫瑰，莲花就是莲花，只要去看，不要攀比。"的确，玫瑰有玫瑰的娇艳，莲花也有莲花的清淡，用心欣赏就能享受到快乐和满足，不是吗？

永远不要羡慕别人的荣华富贵，不要与人盲目地攀比。剔除掉那些不必要的烦扰，你就更能清楚自己的人生方向和目标；尽自己最大的努力去过好自己的生活，你就一定会真正地感受到幸福与快乐。

生活的差别无处不在，如果难以克服虚荣之心，不断地与别人攀比，最后只能是永远得不到心理上的满足，将自己置于无穷尽的痛苦之中。何不静下心来多关注自己拥有的呢？你会发现自己原来如此的富足。

宠也自在，辱也自在

世间有很多事情都是难以预料的：有时候，我们会受到幸运女神的眷顾，收获意想不到的幸福，例如受到老板的赏识、买彩票中了大奖等；但同时，春风得意的时候却突然发生一些让人灰心丧气的事情，如惨遭公司辞退、生意的失败……

面对这些突发状况，我们往往会因为得宠而太过兴奋、忘乎所以，也会因为太过悲伤而抱怨不已、痛不欲生。这两种极端的表现均是虚荣心作祟，是虚荣心冲破了我们的心理防线，导致了心理上的失衡。

贺若敦是北朝北周的中州刺史。与陈朝作战时，在粮草和援兵不能及时到达的情况下，他运用计谋使陈朝自动撤兵，保全了军队。贺若敦认为自己使"全军而返"，应该受赏，不料北周的实权人物晋公宇文护却认为他"失地无功"，把他贬职。

看着和自己差不多的人都已经做到大将军了，唯独自己得不到晋升，贺若敦心里很不舒服，也不服气，便抱怨宇文护不辨是非、严惩不明，结果被赐服毒自尽。贺若敦感慨自己一生领军作战，功劳显赫，却因为追求高位不能自持而丢了性命，临死前他用锥子刺破舌头，让儿子贺若弼引以为戒。

贺若弼不愧是将门之后，他担任重要将领，屡立战功，还击败了陈军的主力，令陈军闻风丧胆。但很可惜，他没有听进父亲的告诫，常为自己的官位比别人低而大发牢骚，结果先是被棒打入狱，后又被处死。

在这两场历史悲剧中，虽然晋公宇文护有失公允，但是贺家父子也有责任。他们眼红高位，因得不到重用和提拔而抱怨不已，结果两代杰出人物只留下一段宛如昙花般脆弱短暂的历史记忆，真是可悲。

因此，虚荣时我们应该静下心来，学学宠辱不惊的智慧。

《幽窗小记》中有这样一副对联："宠辱不惊，看庭前花开花落；去留无意，漫随天外云卷云舒。"这句话的意思是说，为人处世能视宠辱如花开花落般平常，才能不惊；视职位去留如云卷云舒般变幻，才能无意。

一副对联，寥寥数语，却深刻道出了人生对事物、对名利应有的态度：心境平和、得之不喜、失之不忧、宠辱不惊、去留无意，管它春夏与秋冬，这样才更有大丈夫能屈能伸的崇高境界。

心平气和，宠也自然，辱也自在，不大喜也不大悲，将名利富贵视为过眼云烟，得宠时安然享有，受辱时也不悲伤。古往今来万千的事实证明，凡是有所成就的人无不具有这种"宠辱不惊"的宝贵品格。

19世纪中叶，美国实业家菲尔德率领他的船员和工程师们，用海底电缆把"欧美两个大陆联结起来"。菲尔德因此被誉为"两个世界的统一者"，一举而成为美国最光荣、最受尊敬的英雄。他没有扬扬得意，

暖心小语

心平气和，你就能做到宠辱不惊、去留也无意。

而是淡然处之。

谁知一段时间后，海底电缆发生了故障，刚接通的电缆传送信号中断了，极大地影响了人们的生活和工作。顷刻间，人们的赞词颂语变成愤怒的波涛，纷纷指责菲尔德是"骗子"、"失败者"。

面对如此悬殊的宠辱逆差，菲尔德心平气和、泰然自若，他没有理会那些恶劣的批评者，一如既往地进行着研究工作，坚持着自己的事业。经过六年的努力，海底电缆最终成功地架起了欧美大陆的信息之桥，菲尔德又成为历史上的英雄人物。

毋庸置疑，菲尔德能够挣脱虚荣心的控制，深谙宠辱不惊这一生活智慧。他能够以坦然的心态看待名利富贵，不因别人的歌颂而扬扬得意，也不因别人的指责而自暴自弃，从而赢得了令人羡慕的成功人生。

在追名逐利、心浮气躁的现代社会，宠辱不惊就更显得是一种难得的境界了。不过，宠辱不惊说起来容易，做起来却十分困难。因为名利皆你我所欲，又怎能不忧不惧、不喜不悲呢？否则也不会有那么多的人穷尽一生追名逐利，更不会有那么多的人失意落魄、心灰意冷了。因此，我们在平时就要多多加强这方面的修养，用"宠辱不惊"的思想观念给自己筑一道"精神防线"。

首先，要明确自己的生存价值。"自古功名输勋烈，心中无私天地宽"。在虚荣面前要静得下心，找到生活的真谛和意义所在，明确自己的生存价值，你会认识到名利富贵只是实现自己价值的一种方式，而不是目的。将名利富贵视为过眼云烟，心中无过多的私欲，又怎会患得患失呢？

其次，要看淡荣辱得失。无论身处怎样的境地，我们都应当尽量静下心来，明确地认识到人生在世，有褒有贬、有毁有誉、有荣有辱，浮浮沉沉，这是人生的寻常际遇，不足为奇。心态平和、恬然自得，方能不被虚荣心所控，从而笑看人生。

一位名人曾在遗作中写道："生亦欣然，死亦无憾。花落还开，水流不断。我今何有，谁欤安息。明月清风，不劳牵挂。"这正充分体现了一种宠辱不惊、去留无意的达观。

宠辱不惊，是一种思想境界，更是一种生活状态。每个人都需要这种心态，看淡名利富贵，在遇到一切荣辱得失的变动时，你就不会那样惊慌失措、患得患失，能以淡定、从容之态面对各种突发和意外事件。

视宠辱如花开花落般平常，才能不惊；视职位去留如云卷云舒般变幻，才能无意。心静如水，心平气和，宠也自在，辱也自在，不大喜也不大悲，这样方显大丈夫能屈能伸的崇高境界，淡定地笑看人生。

返璞归真，是正道

"曾经在幽幽暗暗、反反复复中追问，才知道平平淡淡、从从容容才是最真"，这是一首耳熟能详的歌，歌词虽通俗，道理却很深刻，即始终保持一份恬淡的心境，享受平平淡淡的生活，这才是生活的常态。

我们的生活不是戏剧，不需要那么多曲折的情节，不需要那么多耀眼的灯光，不需要那么多美言佳句，因此当我们受到利益、名声、荣耀、地位等诱惑的时候，就需要静下心来，用心体味平平淡淡的幸福。

范伟曾经演过一部电视剧《老大的幸福》，在剧中，他扮演的傅老大是一位普普通通的足疗师，他不如做董事长的弟弟老二有钱，不如做处长的老三有权，更没有做演员的老四风光，不及做教师的小五体面。

但是，在兄妹五人之中，傅老大却是最幸福的。他的弟弟妹妹们虽然有权、有钱、有名、有地位，但他们却为名利所累。

他们之中，有钱的想要拥有更多的钱，有权的想要拥有更大的权，风光的不满足现状，体面的终日为升迁无望而烦恼。虽然他们的物质生活比起老大来优越许多，可是在他们的内心深处距离幸福却很远，最终他们谁也没有傅老大幸福。

傅老大通过做足疗自己挣钱养活自己，只想过一种平平淡淡的生活。在他的眼里:"腌鸭蛋一吃,嘿,就是幸福。"所以他比那些有"事业"、有"粉丝"的弟弟妹妹们要幸福多了,也给他们生动地上了一课:"什么才是幸福生活。"

就像范伟主演的傅老大一样,他不在乎手里有多少金钱,也不在乎自己手上有没有权力,更不在乎自己是不是体面,甘心过如此风平浪静、波澜不惊的生活,还让自己过得踏踏实实、舒舒服服,这就是幸福。而那些弟弟妹妹们,一味地追逐金钱、权力、地位,最终体会不出自身生命的精彩来,为此都极为烦恼。

静下心来,调整心态,淡然地看待一切虚荣吧。要知道,一个人的一生,有轰轰烈烈的辉煌,但更多的是平平淡淡的柔美。不是有句话说:"人生是5%的刺激、5%的痛,再加上90%的平淡。我们为了5%的刺激而忍受5%的痛,然后用90%的平淡来度过。"

"繁华过尽皆成梦,平淡人生才是真"。面对太多的诱惑,人需要保持一份恬淡的心境。就像辜鸿铭先生说的:一个人如果能受得了平淡,才是真正的修养到家。

年轻的洛克菲勒在一家石油公司找到了工作。他学历不高,也没有什么技术,他的工作很简单,甚至连小孩儿都能胜任:在生产车间,装满石油的桶罐通过传送带输送至旋转台上,焊接剂从上方自动滴下,沿着盖子滴转一圈,作业就算结束,油罐下线入库。

暖心小语

人生是5%的刺激、5%的痛,再加上90%的平淡。

洛克菲勒的工作就是注视这道工序，查看生产线上的石油罐盖是否自动焊接封好。从清晨到黄昏，他过目几百罐石油，每天如此。很多人都劝说洛克菲勒应该换一个高薪高职的工作，毕竟这份工作太简单无聊了。

不过，洛克菲勒并不那么想，他每天都认认真真、全心全意地工作，干得不亦乐乎。时间长了，他还发现罐子旋转一周，焊接剂共滴落39滴，焊接工作即告结束。于是，洛克菲勒开始思考了：是否有什么可以改进的地方？如果能把焊接剂减少一两滴，是不是会节省生产成本呢？

说干便干，一番试验之后，洛克菲勒研制出了一款38滴型焊接机，虽然只是节省了一滴焊接剂，但每年却为公司节省了五亿美元的开支。凭借此贡献，洛克菲勒成为这家公司的高管，并成为美国第一代亿万富翁。

尽管工作相当枯燥无聊，又极其简单，但洛克菲勒没有急于换高薪高职的工作，更没有能应付就应付、能推诿就推诿，而是用心做好手头工作，享受这份工作中的平淡，最后他做出了不俗的成就，得到了公司的重用。

洛克菲勒的成功经验再一次向我们证明：不为外界的纷争所扰，不被虚荣心所控制，认认真真地经营好现在，那么即使在再平凡的岗位上也能做出不俗的成绩，再平淡的生活也能领略到无尽乐趣。

世间万物都是平平淡淡的。小草是平平淡淡的，它用自己轻、柔、小的生命，铺就了绿色天涯；水流是平平淡淡的，它坚持不懈，能把顽石击得百孔千疮；母爱是平平淡淡的，却能使铮铮铁汉潸然泪下……

虚荣时静下心来，有所求而亦无所求，远离庸俗的功利思想，拥有一颗平淡之心，你就拥有了宁静、淡泊、从容和美好。在平平淡淡的生活中领略人生的无尽乐趣，充实自己的人生吧。

人生是5%的刺激、5%的痛，再加上90%的平淡。在竞争日益激烈、诱惑日趋纷繁的社会里，我们需要保持一份恬淡的心境。静下心来，用心体味平平淡淡的幸福，你会拥有一份快乐轻松的心境，也将拥有充实的人生。

第十章
斟一杯香茶，自有一城安然时光

> 最无法填满的就是欲望。心若贪婪，生活处处是陷阱；心若知足，人生处处是风景。守一颗清虚空灵的心，观照万物，斟一杯香茗，静守心灵，安然就好。

快乐与金钱无关

一个人如果对金钱过于贪心，对金钱持占有态度，视金钱如命，那么他很容易被金钱占有，沦为金钱的奴隶，一生都要为金钱所左右。正如一位哲学家所说的那样："他并没有得到财富，而是财富得到了他。"

从前，有一对老夫妻，他们很穷，有时还经常挨饿。一天，丈夫对老伴说："我们给上帝写一封求助信吧，看上帝会不会注意到我们这两个孤苦无依的老人，好帮助我们改善一下现状。"

"真的有上帝吗？我们怎么把信寄出去呢？"老伴疑惑地问。丈夫回答："如果真有上帝的话，不论我们的信用什么方法寄出去，他都一定能收到。"

于是，他们写了一封信，并在信封上署了上帝的名字，然后把信扔出门外。信被风吹走了。

碰巧，一个善良的人捡到了这封信，他好奇地将信打开，被信中老夫妇的真诚和境遇感动了，他决定帮助他们，于是他自称是上帝的使者，将自己身上仅有的98美元送给了那对老夫妇。

老夫妇收下了98美元，但是待善良的人走后，丈夫却怎么也高兴不起来，坐立不安地说："这个使者不诚实，很可能是上帝让他给我们送100美元，那个骗子却拿走了两美元当自己的佣金。上帝真是不敬业，他应该直接拿着100美元来我们家的……"

就像故事中的男人，善良的人慷慨地帮助了他，但是他却想要更多的钱，对金钱的欲望吞噬了他的内心，贪婪之心使他背上了沉重的心理包袱。他多像一只被掌控的木偶，渐渐地被牵引着背离了生活的意义。

生活在现代商业社会中，每个人都有追求财富的权利。不过，在追求金钱的过程中，我们一定要能够静下心来，控制好对金钱的欲望，恪守"君子爱财，取之有道"的古训，做到适可而止、张弛有度。

回首生活，我们也许会有这样的困惑：拥有的金钱不是越多越好吗？有了更多的钱，我们就能买到更多好吃的、好穿的，这能提高我们的生活质量，到时候，我们会过得快乐幸福，怎么会变成金钱的奴隶呢？

殊不知，快乐、幸福与一个人所拥有的物质财富的数量可能成正比，但又不一定成正比，它们之间并不能画等号。过去不会，现在

暖心小语

与金钱拉开距离，让生命更有意义。

不会，将来同样也不会。因为快乐与幸福和心态有关，是一种主观的感受。

所谓"种瓜得瓜，种豆得豆"，我们种下了名利财富的因，就必然得到贪婪的果。快乐与幸福来自于内心，内心被金钱的欲望所污染、所吞噬，始终是不满足的、空虚的，何谈真正的快乐与幸福的感受?!

一个真正懂得生活的人会明白，活着不是为了赚钱，生活中还有很多有意义的东西。他们不会一味地贪恋金钱，而是用心地体会生活中真正的快乐和幸福。他们追逐财富，也驾驭财富，永远不会沦为金钱的奴隶。

在这一点上，世界巨富比尔·盖茨做得非常好。

比尔·盖茨经常告诉那些向他求经的朋友："如果你认为拥有享用不尽的金钱，便可享受到常人无法享受到的快乐，那你就错了。其实，每当一个人拥有的金钱超过一定数量时，它就只是一种数字化的财产标志而已，简直毫无意义。"

"我只是这笔财富的看管人，我需要找到最合适的方式来使用它。"这是比尔·盖茨对金钱最真实的看法。他很少关心自己账户上的金钱数目，也不在意自己股票的涨跌，他利用它们做投资、做慈善等，努力让自己的人生更有意义。

不要让贪婪的欲望蒙蔽了双眼，学着将金钱看淡一点儿吧。无论何时，在金钱面前静下心来，对金钱持一种不占有的态度，把金钱看作身外之物，做到随时可以放弃，你就能做金钱的主人，从容地体会生活的酸甜苦辣，体会内心真正的幸福。

总之，生命中应该拥有的不仅仅是金钱，还有很多东西值得我们去追逐，比如亲情、爱情和友情等，我们不要一味地追逐金钱，更不能为金钱所累。学着驾驭财富吧，让你的生命更有意义。

对金钱过于贪心，对它持占有态度，视金如命，很容易沦为金钱的奴隶，一生为金钱所左右。学着控制对金钱的欲望吧，与金钱拉开一定的距离，用心地体会生活中真正的快乐和幸福，让生命更有意义。

花半开，酒半醉，莫贪心

关于贪婪之心，那些拥有较大名利、较多金钱、较高地位的人似乎更应该引以为戒。千万不要以为自己已经稳如泰山，要清醒地认识到"福兮祸之所伏"，也许你已经坐在即将喷发的火山口上，只是自己不知道罢了！

在功名利禄面前，我们要学着静下心来，尝到甜头就适可而止，千万不要贪得无厌。宋代著名文学家欧阳修的诗句"定册功成身退勇，辞荣辱，归来白首笙歌拥"，即奉劝人们要收敛贪欲、见好就收，不要贪婪权位与名利。

控制心中的贪欲，功成身退、见好就收，这并不是自甘消沉、自我毁灭，而是全身远祸的一种明智的生存方法。越国大夫范蠡就是最成功的典型。

当年范蠡辅佐勾践二十多年，在越国被吴国灭了之后，是他提出降吴复国的计策，并和越王勾践一起到吴国为奴，千方百计帮助勾践回国，并于公元前473年一举消灭了吴国，使越国成为南方的霸主。

当勾践复国之后，范蠡知道勾践是一个能共患难但不能同安乐的人，于是他见好就收、急流勇退，毅然弃官离去，后改名陶朱公，靠生产发家，经商致富，终成一代商圣。李白的"明朝散发弄扁舟"说的便是范蠡。

与之相反，士大夫文种认为国家大局已定，自己为越国立下了汗马功劳，接下来有享不尽的荣华富贵，于是没有听取范蠡归隐养老的规劝，并一而再，再而三地向勾践进谏对大臣们论功行赏，结果被勾践赐剑自刎。

"福兮祸之所伏"，范蠡的高人之处在于他意识到了这一点，明智地选择了功成身退，不贪图荣华富贵，结果得以保命修身，成为后人称颂千年的传奇人物。试想，如果他贪恋高位、贪图钱财，那么恐怕他的下场和文种一样悲惨。

莫被贪心所控，凡事适可而止，不急不贪乃是生命持续快乐的真谛。俗话说"花半开，酒半醉"，意思即说花在半开半闭时是最迷人的，酒在慢品微醉时是最美味的，过于贪婪反而享受不到真正的乐趣。

面对名利、金钱、物质的迷惑，静下心来，摒弃贪心，见好就收，造就一片心灵的净区，调整好自己的位置，这是何等的旷达超然！而唯有拥有这种宁静淡泊的心态，才能获得精神上的提升，才能有效地保护自己。

"福兮祸之所伏"，在获得锦绣前程之后，可能早就隐藏着危机。在功名利

暖心小语

花在半开半闭时最迷人，酒在慢品微醉时最美味。

禄面前静下心来，尝到甜头就适可而止，千万不要贪得无厌。不急不贪乃是全身远祸的一种明智的生存方法，也是生命持续快乐的真谛。

放下，心灵花开

当追求身外之物时，我们很多人总是太过于贪心，不加选择地疯狂敛取，又害怕失去已得到的东西：有了功名，就对功名放不下；有了金钱，就对金钱放不下；有了爱情，就对爱情放不下；有了事业，就对事业放不下。

这样做的结果是什么呢？紧紧地握着拳头，这个放不开，那个也丢不下，拿得起，放不下，当拥有的东西越来越多，五次三番地囹圄其中，我们将失去更重要的一些东西，快乐与幸福将永远与我们无缘。

有一个五分钱硬币和三万元花瓶的故事很好地诠释了这一点。

一位年轻的母亲正在厨房里做饭，忽然听见从客厅里传来四岁儿子极度恐慌的声音。母亲闻声跑过去发现儿子的手卡在了一个花瓶中，无法抽出来，痛得大声直叫。母亲想帮儿子将手从花瓶中拉出来，可试来试去也无济于事。

看着儿子脸上挂满了泪水，手腕处被瓶颈勒得通红，母亲心疼极了，她犹豫了仅仅几秒钟，便找来一个锤子，小心翼翼地开始敲打这个花瓶。费了很大的劲儿，儿子的手终于出来了，只见他将手紧紧攥成一个拳头。

母亲吓坏了，以为是孩子的手在花瓶里卡得太久变形了。待她将儿子的拳头小心地掰开时，一面彻底松了口气，一面哭笑不得：孩子的手没事，他的小手心里紧紧攥着的是一枚五分钱硬币，而那个刚刚被她敲碎的是一个价值三万元的花瓶。

为一枚五分钱的硬币，砸烂了一个价值三万元的花瓶，这个故事听起来未免有些可笑。但在一笑之后，我们可曾意识到，这个发生在四岁孩子身上的故事，其实也普遍存在于你我之间，而我们之所以紧抓"硬币"不愿松手，就是因为害怕一旦放手，这些本来已属于自己的东西就再也没有了。

殊不知，这时候最好的办法是静下心来，学会放手。人不要过于贪心，不要总握着拳头，要在必要的时候学会"放手"。放下得越多，你拥有得就越多。正如一句话所说："握紧拳头，你的手里是空的；伸开手掌，你便拥有全世界。"

有一位名叫黑指的婆罗门一手拿着一个花瓶，前来献给佛陀。

佛陀对黑指婆罗门说："放手!"

婆罗门把他左手拿的那个花瓶放下。

佛陀又说："放手!"

暖心小语

握紧拳头，你的手里是空的；伸开手掌，你便拥有全世界。

婆罗门又把他右手拿的那个花瓶放下。

然而，佛陀还是对他说："放手!"

这时，黑指婆罗门说："我已经两手空空，没有什么可以再放下的了，请问你要我放手什么？"

佛陀说："我并没有叫你放下你的花

瓶，我要你放手的是你的六根、六尘和六识。当你把这些统统放手，再没有什么了，你将从生死桎梏中解脱出来。"

世人都想抓住已经到手的东西，但是他们抓住的只是欲望而已。欲望空虚如火，时时都在燃烧，结局就是欲望将变成一堆冰冷的灰烬。因此，贪婪时我们要静下心来，学会放弃一些物欲上的诱惑，控制好个人的欲望。

不执着于世间的一切物质名利，一个"放"字蕴涵着千般哲理，能使复杂的生活回归简单，纷乱的思绪回归明晰，浮躁的心境回归淡然。放，是画龙后的点睛，是深刻后的平和。放下，你将快乐自在；放下，心灵刹那花开。

人最愚蠢的有时就在于只想拥有，把得到看成了理所当然，而不知道如何放弃。承载了太多的物欲和虚荣，生命之舟只会在中途搁浅和沉没。从现在起，远离红尘世间林林总总的诱惑，放下心中过多的欲望吧。

放弃，是痛定思痛后的清醒，是超越世俗的大智慧。谁能做到这一点，谁就拥有了安心随意的心境，不会沦为物欲的傀儡，做起事来不会再感到慌张和浮躁，将会在豁然开阔的眼界里发现人生中更多更美的风景。

减三分滋味，给人尝

人有一点儿自私心可以理解，可过于贪婪，只为自己着想，从不考虑别人，就是一个无情而无知的人，最终只会害人害己。

有一对年轻人非常具有挑战精神，有一天，他们突然想挑战一下沙漠，于是带上充足的食物和水，走进了黄沙滚滚的沙漠。岂料一场大风暴之后，他们在沙漠中迷路了。时间一天天过去，他们始终找不到走出沙漠的方向，带的干粮和水在逐渐减少。

又过了几天，这对年轻人仍然没有走出沙漠。可是，他们只剩下一袋面包和一瓶水了。他们决定吃掉这些东西来补充体力，再做最后的努力。这时候，自私的本性暴露了出来，他们谁都想做"独吞者"，结果一番争斗后，一个人抢到了面包，另一个人抢到了水。自私让他们谁也不肯让谁，谁也不肯分给对方一点儿。结果可想而知，抢到水的人饿死了，抢到面包的人渴死了。

自私是贪婪的土壤，贪婪是万恶之源。过于自私的人生，无论面对的是快乐还是痛苦，都是一种惩罚，没有一个人会因为自己的自私而得到别人的亲近。自私如此费力不讨好，我们不如静下心来，学着摒弃自私，学会与人分享。

《菜根谭》中有这样一句话："路径窄处，留一步与人行；滋味浓时，减三分让人尝。"这里说的就是让我们要学会分享。分享是互利的，是双赢的。快乐如果能够分享，快乐会加倍；痛苦如果能够分担，痛苦会减少。

有一个年轻人因为一场车祸去世了，遇到神时，他问道："在我们的世界里，有许许多多的关于天堂、地狱的说法，你能不能让我看一下真正的天堂与地狱有什么区别？"神见年轻人很真诚，就答应了他的要求。

他们先来到地狱，年轻人感觉浑身冷得瑟瑟发抖，地府中寒气逼人，看见的都是骨瘦如柴、饱受饥饿的灵魂。"为什么他们都这么瘦呢？好像一副没吃饱的样子。"年轻人有些害怕地问神。

"你看那边！"此时，只见一群灵魂围在一个巨大的锅旁，锅里煮着美味的食物，每个灵魂都争先恐后地用勺子盛食物，送到自己嘴边，可是他们手里的勺子柄太长了，吃到嘴里的远没有掉到地上的多，一个个又饿又失望。

接着，神又带年轻人来到天堂，只见一群灵魂正在一个巨大的锅旁吃饭，他们手上的勺子柄也很长，可是灵魂们都是把盛上食物的勺子送到对面灵魂的口中。你喂我，我喂你，他们个个都能吃饱饭，所以个个脸色红润、身体健康。

看到这个情景，年轻人顿时明白了天堂和地狱的区别。

天堂与地狱之所以有天壤之别，唯一不同的就是天堂的灵魂不是自私地用勺子喂给自

暖心小语

路径窄处，留一步与人行；滋味浓时，减三分让人尝。

263

己,而是彼此喂对方吃。静思这个故事,你会明白分享看似是在做一笔"赔本"买卖,实际上最终往往可以获得更多。

试想一下,当你尝到一份美食时,邀请好友也一起品尝,看到好友吃得津津有味的样子,你是不是有种成就感、满足感?当你将看到或亲身经历的一些趣事讲给别人,看到对方笑得东倒西歪时,你是不是也很开心?

不仅是我们个人,公司也应该学会分享。仔细观察微软、英特尔等商业巨头,你会发现,它们的成功正是因为善于分享。

在生活中,我们千万不能被自私和贪婪所控制,要时常静下心来,想想自己能够为别人做些什么,彼此分享各自所有,如此我们不但能赢得别人的好感,也会收获颇多,这真是"赠人玫瑰之手,经久犹有余香"。

自私是贪婪的土壤,贪婪是万恶之源。我们若想远离红尘世界中的"万恶",就要时常静下心来,学着摒弃自私,学会与人分享。

还有一半水

生活中，每个人都会有些需求与欲望，但是需求与欲望要与本人的能力及社会条件相符合。一个人如果什么都想拥有，陷入贪婪的欲望沟壑当中，不停地索取、不停地追逐，就会身心疲惫却永远也感受不到幸福。

人们常用"人心不足蛇吞象"形容贪欲无止境的现象，它来自一个典故。

几百年前，有一个名叫"象"的穷人，他每天都不得不到后山砍柴，然后卖给邻居们，好维持生计。一年寒冬，象在后山上发现一条冻僵了的蛇，于是便将蛇带回家，放到屋子里最暖和的地方。

没多久，蛇醒过来了。为了感谢象的救命之恩，它愿意帮他实现任何愿望。一时间，象简直如获至宝。一段时间过去了，象只是要求每天能有简单的衣食，蛇都一一满足了他。后来，国王生了一种重病，需要以蛇的眼睛作为药引，承诺如若谁能够找到蛇眼，就会得到高官厚禄以作为奖赏。

得知这一消息后，象立刻想到了自己救过的那条蛇。于是他找到蛇，并说明了自己的来意。没想到，蛇竟然毫不犹豫地取下自己的一只眼睛给了象。然后，象把蛇眼献给了国王，国王的病果然好了起来，象因此得到了高官和厚禄，过着锦衣玉食的生活，简直是从"地狱"升到了

"天堂"。

不久,国王最喜爱的一位公主生病了,太医说需要蛇肝才能医好。于是,国王再次下旨,承诺能找到蛇肝者将被招为驸马,象又去找蛇。蛇张开嘴,让象拿着刀子爬进去割下一块蛇肝。蛇肝治好了公主的病,象成了人人羡慕的驸马。

有一天,国王对象说,蛇肝真是个好东西,如果平时也能够常常吃到一点儿,说不定还能够强身健体呢。为了讨好皇帝,象再次找到蛇。蛇还是张开嘴,让象爬了进去。这一次,象想多割一些。结果蛇太疼了,一下子昏了过去,嘴也合上了。象就被闷死在了蛇的肚子里,再也没有出来。

每个人都有欲望,都想过美满幸福的生活,都希望丰衣足食,这是人之常情。但是,如果总是希望将这些东西据为己有,把这种欲望变成不正当的欲求,变成无止境的贪婪,每天都在幻想填平心里的欲望,那么那些欲望就像是反方向的沟壑,你越是想填平,它就向下凹得越深。

所以,当我们被欲望困扰的时候,应该静下心来想想是不是自己太过贪心了,要时常告诫自己决不能陷入欲望的沟壑当中,要想真正地享受人生的乐趣,就应该做到知足常乐。

暖心小语

知足是根,常乐是果。有知足的根,才能结出快乐的果。

"知足常乐"语出《老子·俭欲》:"罪莫大于可欲,祸莫大于不知足;咎莫大于欲得。故知足之足,常足。"知足常乐,实际上是要我们在欲望和现实之间找一个和谐的平衡点,让自己的内心可以安然地淡定下来。

同样是半杯水,贪婪的人会认为:"真倒

霉！本来就够渴的了，好不容易看到点儿水，还只剩半杯。"而知足的人正好相反，他会微笑着告诉自己："真是太好啦，杯子里还有一半水呢，渴了，我还有半杯水可喝。"

所以，快乐是与富贵、贫穷无关的，关键取决于我们的内心是否满足。"知足者贫穷亦乐，不知足者富贵亦忧"。对现有的收获倍加珍惜、对目前的成果尽情享受、内心知道满足的人，永远会感到快乐。

苏格拉底单身时，和几个朋友一起住在一间很狭小的小屋里，生活非常不便，但他整天乐呵呵的。有一个人问："那么多人挤在一起，你有什么可乐的？"苏格拉底说："我们随时都可以交换思想、交流感情，这难道不是很值得高兴的事儿吗？"

过了一段时间，朋友们相继搬了出去，屋子里只剩下了苏格拉底一个人，但是他仍然很快活。那人又问："你一个人孤孤单单的，有什么好高兴的？"苏格拉底说："一个人安静，我可以认真地读书，这怎能不令人高兴呢？"

几年后，苏格拉底搬进了一座七层大楼里，他住在最底层。底层的环境很差，上面的人老是往下面泼污水、丢破鞋子、臭袜子等乱七八糟的东西，但苏格拉底还是很快乐。那人又问原因，苏格拉底回答："住一楼出入很方便，而且还可以在空地上种花草……这些乐趣呀，数也数不尽！"

过了一年，七楼顶层一个偏瘫的老人上下楼很不方便，便与苏格拉底调换了房间，苏格拉底每天仍然是快快乐乐的。那人揶揄地问："住七层楼是不是也有许多好处啊？"苏格拉底说："是啊！没有人在头顶干扰，白天黑夜都非常安静；每天上下楼几次，有利于身体健康；光线好，看书写字不伤眼睛……"

　　知足是根，常乐是果，知足弥深，常乐的果才会丰硕而甜美。知足常乐，在烦躁与喧嚣中会过滤一种压抑与深沉，沉淀一种默契与亲善，澄清一种本真与回归，久而久之便会使我们的步伐轻盈、精力充沛。

　　有首名为《知足常乐》的歌谣，读来颇觉玩味。其中几句歌词是这样唱的："想想疾病苦，无病即是福；想想饥寒苦，温饱即是福；想想生活苦，达观即是福；想想乱世苦，平安即是福；想想牢狱苦，安分即是福……"

　　找回自己那颗宁静的心，学会知足，对事坦然面对、欣然接受，如此对于风雨兼程的我们来说，便有一个宁静温馨、妙趣融融的避风港口，这种人生境界是整日泡在荣华富贵之中而又永远没有满足感的人所无法想象的。

　　快乐是与富贵、贫穷无关的，关键取决于我们的内心是否满足。找回自己那颗宁静的心，对现有的收获倍加珍惜、对目前的成果尽情享受、内心知道满足的人，永远会感到快乐，享受到生命的精彩。

不贪求，不妄求

白雪公主的故事大家一定都不陌生，诱惑就像恶毒王后手里的苹果，美丽却有毒。面对这样的诱惑，我们稍不慎重，就有可能像白雪公主那样走进别人设计的"圈套"，一失足成千古恨。

在五彩缤纷的诱惑中，我们要想对诱惑多一份抵抗力，超越红尘之事的干扰和影响，朝着正确的目标前进，就要屏息静气、站稳立场，摒弃过分的物质追求和物质享受，心无所求且无所欲，守住自己的内心。

"无欲自然心似水"、"无求胜于三公上"，这是古人总结出的人生哲理，旨在告诫我们要舍弃满脑子的功利与浮躁，不为外物所羁绊，不为浮云遮蔽双眼，从而获得一种超然物外的自在与宁静。

"海纳百川，有容乃大；壁立千仞，无欲则刚。"这是林则徐的至理名言。正是因为他摒弃了私欲，没有任何的私心，才无所畏惧、一身正气、刚直不阿，成为历史上著名的清官、英雄人物。

林则徐正气凛然、执法严明，对腐败深恶痛绝。他屡次论斥权幸大臣，严厉打击邪恶势力，皇亲国戚、佞臣奸党无不惧怕他。林则徐每到一任，都使得贪官污吏心惊胆战，土豪恶霸威势顿挫，穷苦百姓欢欣鼓舞。

公元1838年，林则徐抗英禁烟。外国烟贩与和他们勾结的洋行商人起初并没有把林则徐的到来放在心上。他们认为清朝官员都爱钱，只要花些银子，就没有过不了的关。可这一回，他们的如意算盘打错了。"本大臣不要钱，只要你的脑袋！"林则徐大举没收鸦片，并亲自监督鸦片的销毁。

林则徐的"刚"源于"无欲"。他克己奉公、两袖清风。为官几十年，他一日三餐只吃"落斛粥"（次米熬成的粥），一切唯温饱能居而已；外任时不吃沿途州府官吏为其安排的饮食，认为为官者必须坚决杜绝私欲。林则徐对个人、对生活从无他求，因此不畏权贵、了无牵挂，不怕丢官，不怕杀头。

无欲要求的是人们不贪得、不妄求，而不是不思进取和漫不经心，也不是心灰意冷和垂头丧气，更不是一筹莫展和难掩烦闷的消极态度、庸人哲学，而是克制私欲、淡泊明志、刚锋永在、清节长存。

无欲则刚是超脱尘网的"灵药"。面对错综复杂的大千世界，面对来自各方的种种诱惑，我们可将这一警语作为立身行事的指南。无欲才能宽心，事事容得下、放得下，身心自然清澈了，又岂有贪婪之念？

有一位诗人为了追求心灵的满足，不断地从一个地方到另一个地方。他的一生都是在路上、在各种交通工具和旅馆中度过的。当然这也并不是说他没有能力为自己买一座房子，这只是他选择的生活方式。

后来，由于诗人在文学艺术上做出了巨大的贡献，有关部门给他免费提供了一所住宅，并决定聘用他为文化部的干部。但是，诗人拒

暖心小语

无欲则刚：超脱尘网的"灵药"。

绝了，他说："如果我接受那些外在的房子、物质等，不仅要为之耗费精力，还很有可能受到诱惑，杂念和烦恼自然就会束缚我的内心，同时也束缚了我的生活。"

就这样，这位独行的诗人在旅馆和路途中度过了自己的一生。诗人死后，朋友在为其整理遗物时发现，他一生的物质财富就是一个简单的行囊，行囊里是供写作诗的纸笔和简单的衣物以及十卷极为优美的诗歌和随笔作品。

这位诗人正是放下了过多的欲望，排除了外物的各种诱惑，内心一直处于十分平静的状态，杂念和烦恼无安身之地，最终丰富了他的精神生活，将事业进展得更为顺利，为文学界做出了巨大的贡献。

守住自己的内心，"无欲则刚"将使我们在障眼的迷雾中辨明方向，朝着正确的方向勇往直前、克敌制胜；将使我们如同苍松翠柏，不怕乌云翻卷，不怕雨暴风狂，挺立世间，永不摧折！

面对错综复杂的大千世界，面对来自各方的种种诱惑，如果我们能够时时静下心来，舍弃功利与浮躁，不为外物所羁绊，不为浮云遮蔽双眼，心无任何所求，也就获得了一种超然物外的自在与宁静。

斟一杯清茶，寂寞也不怕

面对诱惑，我们要有自律的心态，耐得住寂寞，忍得住诱惑。一个人独享自在和轻松，也是一件非常有情调的事情。那些成功的人大多都是长期默默无闻地行进和低头苦苦地奋斗。古代科举成名的学子，哪个不是十年寒窗苦读，最后才一朝登上殿堂。假如这些学子们不能忍受住寂寞，那么，他们又怎么能把全部的心思花在读书上面，又怎么能够学富五车、才高八斗呢？

我们当中的许多人一旦心中滋生了寂寞，那么，即使他身处闹市之中，也会觉得自己形同沙漠中的独行者，感到孤身一人，感到空虚无聊，感到落落寡欢，以至于到了最后，精神开始莫名其妙地焦躁起来，整个人都压抑得没法说，一点儿前进的意志都没有了。在大多数日子里，我们都在感叹时间过得飞快，白驹过隙之间，一天也就过去了。但是，当我们处在寂寞的时候，却又感叹时间的缓慢，大有度日如年之感，因而我们中的大多数人总是在想尽办法排解身边的寂寞。

有的人说，甘于寂寞是人生当中的一种消极厌世的表现，是一种对自己人生极不负责的态度，是一种与世隔绝、自命清高的做作。其实，这种看法是有偏见的。能享受寂寞、忍受得住寂寞的人，并非偏见者眼中的那种离群索居的人，也不是清心寡欲，要去做什么和尚和尼姑的人，更不是活得不耐烦了，消极厌世、沮丧颓废的人。所谓的甘于寂寞，乃是面对诱惑时的一种超然，是一种自在和轻松。甘于寂寞，是漠视引诱的一种表现，是淡泊明志、宁静致远，是脚踏实地默默耕耘的一种精神境界。正因为如此，忍受得住寂寞的人，常常能够拥有自己的心灵境界，最终也往往能够忍受得住寂寞，成就出自己的一番大事业来。忍受得住寂寞的人，有自己的理想和目标，更有一颗经受得住寂寞、乐于奉献和钻研的心。也正因为如此，忍受得住寂寞的这类人，不乏强烈的自信心和自尊心，他们不但能够在诱惑面前脚踏实地地工作和奉献，还能用自己的良知和理性严格地塑造自己、鞭策自己和不断地完善自己。想干大事的人就要经得住诱惑，忍得住寂寞。

忍得住寂寞，独享自在和轻松，才是一个人的成功之道。我们大家都知道，无论是过去还是现在，做一个律师通常是一份既赚钱又有身份地位的工作。当年，大文豪巴尔扎克的父亲也是抱着这种看法，要求巴尔扎克去学习法律的。但是巴尔扎克抵制住了金钱和名利的诱惑，忍受住了寂寞，宁可困窘地蜗居在租来的小房子里面，也从来没有放弃过那份执着忍受的寂寞，也没有改变他最初的志向。正是他的这种能够忍受得住寂寞，能够拒绝诱惑的自在和轻松，才使他成为了举世闻名的大文学家，才使他的作品能够成为文学史上璀璨的明珠。

忍受得住寂寞，即使在最艰难和最屈辱的时候，也能独享自在和轻松。司马迁并没有被眼前的高官厚禄所诱惑，只要自己认为对的，认为对国家和人民有帮助的，他就向皇帝进

暖心小语

寂寞中，总有一份自在和轻松。

言，敢讲真话，结果遭受了耻辱的宫刑。但是这耻辱的宫刑又能怎么样呢？司马迁忍受住了屈辱，放下了所有的顾虑，更忍受住了寂寞，写出了名垂千古的巨著《史记》。

其实在寂寞里也能寻找到轻松和自在。比如一个人找一个幽静的地方，发半天呆，绝对是件非常轻松自在的事情。由最初的忍受寂寞到享受寂寞，就让人觉得非常有意思了，远离诱惑，享受寂寞，其实能让我们做很多很多的事情。比如我们可以看看闲书，或者写一页心情笔记，记录一下工作的感受；看着一杯清茶或者咖啡在我们面前冒着热气，沁人心脾的香味制造着温馨和浪漫。这种时候，诱惑与我们无关，浮躁也远离了我们，平日里一天也做不出来的事情也许一下子就能完成。在家里的时候，有电视和电脑游戏的诱惑，把我们制订的计划全部都打乱了。所以，找一个幽静的地方，即便是看窗外行人的身影，也能让我们在寂寞中感到轻松和自在。

寂寞能让人平静下来，能带给我们久违的自在和轻松。它能够让我们抵制住诱惑，远离那些温柔甜蜜的陷阱。它也能让我们变得平静放松，让我们在这份轻松中获得更多的灵感。在这个到处都充斥着诱惑和繁杂的世界里，其实寂寞并不如我们想象的那么可怕，相反，我们缺少的正是一份久违的寂寞。忍受住了寂寞，享受了寂寞，就获得了自在和轻松，也就走在了一条迎接繁华和辉煌的路上。